高烈度寒区村镇建筑
复合隔震体系研究与应用

袁　康　李英民　王　颖　郭军林　著

科学出版社

北　京

内 容 简 介

本书基于我国北方大部分地区处于高烈度寒区（地震烈度高、气候寒冷），以低层村镇建筑为对象，考虑其同时遭受地震和地基冻胀双重危害的现实情况，因地制宜地提出一种由基底砂垫层与基础滑移隔震层组成的砂垫层-基础滑移复合隔震体系，在有效降低地震响应的同时兼顾消除地基冻胀对房屋的不利影响。本书共 5 章，包括绪论、村镇建筑复合隔震技术基本原理、村镇建筑复合隔震体系抗震性能试验研究、村镇建筑复合隔震体系动力特征及影响因素分析，以及村镇建筑复合隔震技术要点。研究表明，该技术隔震效果显著，相关建筑部件取材方便且造价低廉，适合在村镇建筑中推广应用。

本书适合村镇建筑抗震防灾研究人员、村镇建筑设计及建造等相关领域从业人员阅读，并可供高等院校相关专业的教师和研究生参考。

图书在版编目（CIP）数据

高烈度寒区村镇建筑复合隔震体系研究与应用 / 袁康等著. —北京：科学出版社，2023.6
ISBN 978-7-03-074794-5

Ⅰ. ①高…　Ⅱ. ①袁…　Ⅲ. ①寒冷地区-农业建筑-隔震-建筑结构-结构设计-研究　Ⅳ. ①TU352.1

中国国家版本馆 CIP 数据核字（2023）第 022993 号

责任编辑：王　钰 / 责任校对：马英菊
责任印制：吕春珉 / 封面设计：东方人华平面设计部

科 学 出 版 社 出版
北京东黄城根北街 16 号
邮政编码：100717
http://www.sciencep.com

北京中科印刷有限公司印刷
科学出版社发行　各地新华书店经销
*
2023 年 6 月第 一 版　　开本：B5（720×1000）
2023 年 6 月第一次印刷　　印张：14 1/4
字数：275 000

定价：138.00 元
（如有印装质量问题，我社负责调换〈中科〉）
销售部电话 010-62136230　编辑部电话 010-62137026

前　　言

我国位于环太平洋地震带和欧亚地震带之间，导致了我国地震区域分布广泛、强震多发、震灾严重。历次震害表明，绝大多数破坏性地震发生在农村和乡镇地区，而村镇建筑是我国抗震防灾的薄弱环节。自汶川地震以来，村镇建筑抗震防灾受到国家相关部门的高度重视，一系列的规程、标准、细则等不断出台。然而由于我国地域辽阔，多数村镇地处偏远且布局分散，大量的自建房广泛存在，结构形式复杂多样，抗震措施缺失，导致房屋抗震设防水平不高。因此，根据村镇建筑实际情况，依据"因地制宜、就地取材、简单有效、经济实用"的原则，研究简单、实用、经济的隔震技术是解决村镇建筑抗震设防的有效途径之一，受到学者广泛关注。

在国家自然科学基金项目"一种适于新疆村镇建筑的简易复合隔震体系研究"（项目编号：51368054）和兵团科技援疆计划"简易复合隔震体系研发及其在兵团小城镇民居中的应用"（项目编号：2014AB053）的资助下，笔者及科研团队以我国北方大部分地区处于高烈度寒区（地震烈度高、气候寒冷）为出发点，以低层村镇建筑为研究对象，考虑其同时遭受地震和地基冻胀双重危害的现实情况，因地制宜地提出一种由基底砂垫层与基础滑移隔震层组成，具备隔震和消除地基冻胀不利影响双重功效的砂垫层-基础滑移复合隔震体系，进行了包括试验研究和数值模拟在内的系列研究及工程实践。研究表明，该技术隔震效果显著，相关部件取材方便且造价低廉，适合在村镇建筑中推广应用。

本书共5章，详细介绍了砂垫层-基础滑移复合隔震技术的研发过程，结合工程实践梳理了技术要点。本书主要包括绪论、村镇建筑复合隔震技术基本原理、村镇建筑复合隔震体系抗震性能试验研究、村镇建筑复合隔震体系动力特征及影响因素分析，以及村镇建筑复合隔震技术要点等内容。

本书由袁康负责大纲的拟定和全书的统稿。其中，第1章和第2章由李英民撰写；第3章3.1节和3.2节、第5章由郭军林撰写；第3章3.3节及附录由袁康撰写；第4章由王颖撰写。

本书参考了国内外关于村镇建筑及其他相关领域的众多资料和科研成果，在此向有关作者致以诚挚的谢意。

由于笔者的水平有限，书中遗漏之处在所难免，敬请广大读者批评指正。

目　　录

第1章 绪 论

1.1 高烈度寒区的概念

高烈度寒区是指同时处于抗震设防烈度在 7 度以上的高烈度区和气候处于寒冷或严寒分区的地区。从《中国地震动参数区划图》(GB 18306—2015)[1]中的中国地震动峰值加速度区划图和《民用建筑设计统一标准》(GB 50352—2019)[2]中的建筑气候区划分类可见,在我国的北方大部分地区均具备地震烈度高、气候寒冷的属性。

对于严寒和寒冷地区而言,都有不同深度的冻土存在,村镇建筑往往房屋层数低,基础浅埋于冻深线之上,且未采取合理的消除冻胀措施,导致地基不均匀冻胀引发的结构裂缝问题极为普遍,裂缝的发展将进一步削弱结构本就脆弱的整体性,降低建筑的抗震性能。

1.2 高烈度区村镇建筑典型震害

1.2.1 村镇建筑抗震设防现状

在经历了汶川、青海、玉树等大地震后,村镇建筑的抗震问题受到国家高度重视,系列政策法规陆续出台。住房和城乡建设部于 2008 年发布了《镇(乡)村建筑抗震技术规程》(JGJ 161—2008)[3],2016 年发布《村镇住宅结构施工及验收规范》(GB/T 50900—2016)[4],2017 年发布《木结构设计标准》(GB 50005—2017)[5],2018 年印发《农村危险房屋加固技术标准》(JGJ/T 426—2018)[6],2019 年印发《农村住房安全性鉴定技术导则》[7]。与此同时,地方性相关技术标准和图集相继出台,以笔者所在的新疆地区为例,新疆维吾尔自治区建设厅在实施抗震安居工程的过程中,制定了《农村民居抗震鉴定实施细则》(XJJ 014—2004)[8],编制了《新疆维吾尔自治区农村抗震安居住宅设计图选编》[9]、《村镇建筑抗震构造》(DBJT27-119-12)[10]等一系列标准。此外,汶川地震后,《建筑抗震设计规范

（2016 年版）》（GB 50011—2010）[11]在村镇建筑方面的要求也进一步加强，例如普遍提高了区域抗震设防烈度，降低了 6 度和 8 度（0.3g）设防房屋的层数和高度，严格限制了横墙较少房屋的适用范围，加强了在多层黏土砖房楼梯间等关键部位增设构造柱等抗震构造措施，对于土、木、石房屋，则严格规定了相关墙体之间的连接。《中国地震动参数区划图》（GB 18306—2015）也进一步提高了我国整体抗震设防要求，取消了不设防区域，新增了乡镇地震动参数列表，给出了县级以下乡镇的地震动参数值，以便于村镇地区抗震设防管理，有利于提高广大村镇地区建设工程的抗震设防水平。

上述这些规定、规范、标准、图集等对村镇建筑的总体抗震设防思想比较明确，但在执行中往往受以下几点因素制约：①村镇建筑分布广且结构体系区域特色强，这些设计建造规定难以覆盖各地民间的种种做法；②村镇居民抗震设防意识淡薄，抗震知识匮乏，规范、标准的规定难以被以砖瓦队为代表的民间施工队伍理解；③农村房屋的设计、建筑材料选择、施工等过程都缺乏监管，在费用短缺和技术缺乏的前提下，材料质量和抗震措施往往大打折扣。

因此，目前村镇建筑的抗震设防依然不尽如人意，大致表现在以下几个方面。

（1）自建房屋无抗震设计。由于农村地区往往经济发展滞后，技术力量和施工设备短缺，农村民居以自建为主，由当地泥瓦工、木工师傅为技术骨干完成，大部分在建造过程中没有专业技术人员指导，没有进行结构抗震分析，甚至连基于概念设计的结构布置都未考虑[12, 13]。

（2）墙体砌筑工艺存在问题。存在墙体间没有同时咬槎砌筑的现象，如在建房过程中先砌筑一墙片并留直槎，再进行其他墙片的砌筑，导致纵、横墙连接不牢；此外，还有同一片墙体使用不同材料的做法，如云南、内蒙古、新疆等地区的农房采用内层土坯外层砖的里生外熟做法（俗称金包银），由于材料规格和强度不同，导致墙体两张皮，地震中破坏严重。

（3）结构平面布置随意。由于抗震知识匮乏，农户往往根据个人意愿和需要进行结构布置，片面追求大层高、大开间、大洞口，有的窗间墙宽度仅有 490mm甚至 370mm，且门窗洞口位置的布置较随意，有的还采用落地窗。

（4）建筑主体材料缺乏或强度不达标。我国西南、西北和华北等地震高发地区的农村普遍缺少砖、石、木材、砂子等房屋主体的建筑材料，导致混凝土强度往往不达标，存在严重安全隐患。

（5）抗震措施缺失。圈梁、构造柱是保证砌体结构抗震性能的主要构造措施，但该措施使造价增加，且现浇混凝土存在技术难度，因此不易被人们接受，即使设置，在数量上也往往与抗震规范要求相去甚远。

1.2.2 村镇建筑常见结构形式的震害

根据承重结构所用材料不同，村镇建筑常见结构形式主要有砌体结构、木结构、生土结构和石砌体结构等。

1. 砌体结构

砌体结构在我国农村应用很广泛，调研资料显示，60%以上的农村房屋属于砌体结构，其中烧结普通黏土砖作为主要建筑材料的砌体结构房屋占到 95%以上。砌体结构是指以砌体墙（包含实心砖墙、多孔砖墙、混凝土小型空心砌块墙、蒸压砖墙和空斗墙等）承重的房屋，其优点是就地取材、造价低廉、技术难度小，具有较好的耐久性、化学稳定性、大气稳定性，以及良好的保温隔热性能；其缺点是自重大、体积大、砌筑工作繁重、抗震性能较差（图 1.1）。

（a）砖砌体

（b）砌块砌体

图 1.1 砌体结构

大量震害表明，由于砌体属于脆性材料，且抗拉、抗剪强度都较低，地震中容易发生严重灾害，结构破坏的程度、部位和形式与墙体布置、构造措施及砂浆强度密切相关，主要表现为整体倒塌、局部倒塌、墙体裂缝等形式。

1）整体倒塌

结构布置不合理和抗震构造措施严重缺失的砌体房屋往往易发生结构整体倒塌（图 1.2）。由于结构布置不合理导致局部刚度集中，以及抗震构造措施缺失导致整体刚度不足，尤其是大开窗、大空间等对墙体刚度的削弱，都会加剧地震时结构发生整体倒塌的可能性和灾害程度。对于不设置圈梁的情况，楼板直接搁置在墙体上，由于楼板与墙体间连接薄弱，易发生楼盖整体坍塌。

图 1.2　砌体结构房屋整体倒塌

2）局部倒塌

房屋墙角、纵横墙连接处、平面凹凸变化处、竖向布置变化处等，在地震作用下应力状态复杂，容易出现扭转和应力集中等不良状况，若未采取必要的加固措施，这些部位在地震作用下会出现局部倒塌现象（图 1.3）。采用预制板作为楼盖的房屋，楼板与墙体、楼板相互之间的连接均较差，易发生楼板脱落，进而诱发墙体局部倒塌。

图 1.3　砌体结构房屋局部倒塌

3）墙体裂缝

斜裂缝和交叉裂缝：在水平往复地震作用和竖向承压共同引起的主拉应力超过墙体抗拉强度时，墙体出现斜裂缝或贯穿交叉裂缝（图 1.4）。这类裂缝几乎遍布每个楼层，其中底部楼层相对更为严重，窗间和窗下的纵墙更为常见。

图 1.4 墙体斜裂缝和交插裂缝

水平裂缝：由于地震作用墙体受弯受剪，或在地震作用下水平错动而引起水平裂缝。在靠近楼屋盖附近的墙体上、下两端沿灰缝易出现水平通缝，而后引起滑移和错动，破坏加剧后可导致预制楼板脱落。另外，在一些承重砖柱上也会出现基本贯穿的水平裂缝，严重时导致砖柱错位、墙体压酥，进而丧失承载能力（图 1.5）。

图 1.5 砖柱的水平贯穿裂缝

2. 木结构

木结构主要分布在我国森林资源丰富、经济相对落后的西南地区，如在云南木结构的使用就较为普遍。木结构由木梁、木柱、檩条和椽子等组成房屋的结构骨架作为承重体系，承受屋顶、楼盖荷载，而墙体仅起围护空间的作用[14]。木结构中梁柱节点是一种半刚性节点，柱底直接搁置于石质基础上或嵌入基础凹槽，抑或将木柱做成浅榫与基础连接。此外，木结构也常常与生土墙、砖砌体、石砌体等组成混合结构，如图1.6所示。

（a）纯木结构

（b）砖木结构

（c）土木结构

（d）石木结构

图1.6　纯木结构及其混合结构

木结构的震害主要有以下几种形式。

1）木构架整体倾斜、坍塌

由于木结构房屋的围护墙体大多与木构架没有可靠连接，地震时往往先于木结构发生破坏，当墙体破坏后，房屋失去主要的抗侧力构件，在较大的地震作用下，梁柱榫卯节点松动，房屋沿着刚度薄弱的方向发生较大的侧向变形甚至倒塌，如图1.7所示。

2）围护墙体破坏

木结构房屋的围护墙体大部分为土坯墙、土筑墙、空斗墙，少部分为砌体墙、木板墙或毛石墙。木构架与围护墙材质不同，所表现出的力学特性也不同，再加之木构架与墙体间无有效连接，在地震中不能保持协同工作，在水平地震往复作用下，墙体极易处于孤立工作状态。由于墙体多数强度低且变形能力弱，往往首先出现墙体裂缝甚至局部坍塌，进而诱发墙倒架塌的后果，如图 1.8 所示。

图 1.7　木构架整体倾斜

图 1.8　木结构房屋山墙整体倒塌

3）屋面破坏

在南方地区，出于通风散热的需要，通常在木屋面的椽子上并不铺设木望板和泥被，而是直接将瓦片铺放在椽子上。由于瓦片与椽子间摩擦力较小，瓦片在地震中很容易从椽子上滑落，造成梭瓦破坏。在北方地区，出于防寒保暖的需要，屋面都覆有比较厚的泥层，屋面荷载较大，较大的地震作用可导致梁头撞倒纵墙，引发屋盖塌落，如图 1.9 所示。

图 1.9　屋面破坏

4）梁柱节点破坏

榫卯连接是木结构中最主要的梁柱连接形式，常用在木柱与屋架、木梁与木柱、檩条与檩条之间的连接。在村镇建筑中，梁柱节点一般采用较小尺寸的榫头进行连接，由于榫头处受力情况复杂，榫卯节点在地震中易发生拔榫（图 1.10）、脱榫或折榫的现象，进而导致大梁脱落、木构架局部破坏或全部塌落。

5）柱脚滑移

柱脚滑移是木结构房屋常见的震害现象。在木结构房屋中，木柱通常直接搁置于石质基础上，或者通过柱脚处的管脚榫与基础上预留的柱脚孔连接。这种连接是通过柱脚端面的摩擦和管脚榫的抗剪来应对房屋水平地震作用，地震荷载极易引起柱脚的滑动（图 1.11），甚至导致柱脚从基础上滑落，引起木构架倒塌。

图 1.10　拔榫

图 1.11　木构架柱脚滑移

3. 生土结构

生土结构是利用未经焙烧的土壤（如黏土、砂土等）或经过简单加工的原状土作为墙体材料，辅以木、石等天然材料营建主体结构的建筑，主要形式有土坯结构和夯土结构。土体自重大、延性差、强度低等特点，决定了生土建筑的抗震性能相对较差；但由于其具有源于自然、就地取材、施工方便、造价低廉、冬暖夏凉、归田性好等特征，目前在我国西北、西南地区的农村仍旧广泛存在。比较典型的有黄土高原的窑洞、福建的土楼、新疆的维吾尔族民居、西藏的碉楼等，如图 1.12 所示。

（a）黄土高原窑洞

（b）福建土楼

（c）新疆维吾尔族民居

（d）西藏碉楼

图 1.12 生土结构

生土结构由于材料自身强度低、延性差的属性，以及传统工艺、经验丢失导致施工质量差等因素，其抗震性能普遍较差，在地震作用下往往会发生比较严重的破坏，甚至倒塌。生土结构的震害特征主要表现在以下几个方面。

1）墙体裂缝

土坯墙体开裂与墙体特性、构造措施和地震作用有关，其根本原因是土坯及砌筑泥浆基质的抗拉强度较低，在水平地震剪力下，形成的主拉应力大于墙体抗拉强度，因而发生平面内的剪切破坏。裂缝一般会首先出现于门窗洞口处，常呈现"八"字形裂缝（图 1.13），而山墙部位常出现"X"形交叉裂缝（图 1.14）。

图 1.13　土坯墙体裂缝

图 1.14　山墙裂缝

2）墙体外闪坍塌

多数生土结构房屋纵横墙体间没有搭砌咬槎，也没有采用拉结措施，还存在山墙高厚比过大和横墙间距过大的问题，纵横墙往往不能协同工作，其平面外稳定性和抗侧移能力均较弱，地震作用下容易发生墙体偏移或外闪坍塌，并导致屋面构件的拉脱或掉落，如图 1.15 所示。

图 1.15 墙体外闪

3）墙倒屋塌

由于相当数量的生土房屋在震前已属危房或濒临倒塌，在较大地震作用下发生墙倒屋塌的现象也比较普遍，即承重生土墙体会丧失承载能力或直接倒塌，导致屋面结构坠落破坏（图 1.16）。

图 1.16　生土房倒塌

4. 石砌体结构

石砌体结构是以天然石材为基材，经人工加工后形成条形料石，以砌筑砂浆为粘结材料，按一定组砌方式砌筑而成的结构。石结构建筑可分为纯石结构、石混结构、在原石结构房屋上加建砖混结构等三种类型（图 1.17）。福建省盛产优质花岗岩石材，石结构建筑遍及东南沿海各地，是当地村镇住宅的主要结构形式。

（a）纯石结构房屋

（b）石结构上加建砖混结构

图 1.17　石结构

　　石砌体结构房屋典型震害与砖砌体类似,主要表现为墙体的平面内剪切破坏和平面外倒塌。墙体的平面内剪切破坏通常发生在整体性较好的料石砌筑墙体,该类墙体在地震作用下,平面外整体性较好,不易倒塌,平面内以剪切变形为主,破坏通常是由于砌筑砂浆强度低或灰缝不够饱满造成。纵横墙连接破坏导致平面外倒塌通常发生在整体性较差的毛石砌筑墙体,该类墙体纵横墙通常无法保证有效的连接,加之砌块间较为松散,墙体在地震作用下往往先出现平面外倒塌现象。

　　综上所述,我国村镇建筑结构形式复杂多样,抗震规范难以涵盖所有实际情况,由于造价及技术难度等因素,抗震措施难以得到有效执行,故村镇建筑抗震设防现状依旧堪忧。因此，根据村镇建筑面临的实际情况，依据"因地制宜、就地取材、简单有效、经济实用"的原则，研究简单、实用、经济的隔震技术是另辟蹊径来实施村镇建筑抗震设防的有效途径之一。

1.3　寒区村镇建筑的冻胀灾害

1.3.1　冻胀灾害机理

冻土，一般是指温度在 0℃或 0℃以下，并含有冰的各种岩土和土壤[15]（图 1.18）。按土的冻结状态保持时间的长短，冻土一般又可分为短时冻土（数小时至半月）、季节冻土（半月至数月）以及多年（永久）冻土（持续两年或两年以上）三种类型[15]。地球上冻土的面积约占陆地面积的 50%，其中永久冻土约占 25%。我国永久冻土面积约有 214.8 万 km^2，占我国陆地面积的 22.4%。根据中国冻土类型分布图，我国永久冻土主要集中分布在大小兴安岭（高纬度区）、青藏高原、阿尔泰山、天山、祁连山、横断山、喜马拉雅山，以及东部某些山地，如长白山、黄岗梁、五台山、太白山等（高海拔区）。季节冻土主要分布在我国东北、华北、西北等地，其面积约占我国陆地面积的 54%，覆盖区域较广。季节性冻土具有冬冻夏融的特点，其对建筑物和构筑物的危害性大于永久冻土，因此，冻土深度是房屋建造前必须明确的地基土的冻胀性指标之一。本书以新疆地区为例，表 1.1 列出了新疆主要区域的全年冻土深度。

图 1.18　冻土

表 1.1　新疆主要区域全年冻土深度　　　　　　　　（单位：cm）

区域	全年冻土深度	区域	全年冻土深度
乌鲁木齐	133	克拉玛依	197
伊宁	62	阿勒泰	146
吐鲁番	83	塔城	146
哈密	127	奇台	141
库尔勒	63	巴里坤	253
喀什	66	库车	120
阿克苏阿拉尔	78	伊吾	217
博乐阿拉山口	188	温泉	201
和田	67	奇台北塔山	243
石河子	140	富蕴	172

　　土的冻胀力是引起很多浅埋建筑物发生冻胀破坏的主要原因。土的冻胀力是地基土在冻结过程中，土体内水分冻结，并以冰的形式填充到土颗粒间隙中，体积发生膨胀，引起土颗粒的位置发生相对移动，从而在土体内部产生的一种内应力。若建筑物基础位于冻土层中，由于冻土层位移受到限制，就会产生很大的冻胀力。根据冻胀力的大小、方向和作用点，土的冻胀力可分为作用于基侧且垂直于基侧的水平冻胀力、沿着基侧周边表面向上的切向冻胀力和作用在基础底面且垂直于基础底面的法向冻胀力（图 1.19），这些冻胀力会直接施加在基础表面或周围土层，引起建筑物的开裂、变形甚至倒塌破坏。

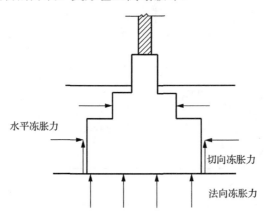

图 1.19　土的水平、法向、切向冻胀力示意图

1.3.2　常见冻融破坏形式

　　村镇建筑以 1 层和 2 层建筑居多，房屋荷载小，质量轻，基础的埋深一般小

于冻土深度。在我国分布较广的季节性冻土地区，因地基土的冻胀及融化沉陷不均匀，房屋建筑的冻胀破坏较为普遍，多表现为房屋裂缝，包括斜裂缝、水平裂缝和垂直裂缝，其次是房屋的局部倾斜，严重时发生倒塌。

1. 斜裂缝

斜裂缝分为对称八字形裂缝和局部斜裂缝两大类。其中八字形裂缝又分正八字形［图 1.20（a）］和倒八字形两种［图 1.20（b）］。正八字形裂缝通常是由不均匀冻胀引起的。大量研究表明，房屋四角由于受双向冻结影响，其冻胀量和冻胀力都大于其他部位；在不均匀冻胀条件下，基础和上部墙体受剪受弯，其主拉应力方向垂直于斜裂缝方向，当产生裂缝的冻胀力之和大于裂缝一边由于自身重力及水平砖缝的抗拉力之和时，墙体就会出现斜裂缝。这种斜裂缝常出现在后墙与侧墙连接位置附近；由于门窗等部位断面减小，为薄弱环节，故此种裂缝也出现在门窗洞口附近。在融化期，由于墙角地基应力重叠，造成墙四角沉陷量大，这时墙体中主拉应力方向与受力不均匀冻胀产生的主拉应力方向相反，故产生的斜裂缝呈倒八字形。局部斜裂缝出现的原因大致为，当在房屋一侧有积水或靠近房屋处有排水沟通过时，靠近积水或排水沟一侧冻胀量显著增大，产生局部斜裂缝；此外，亦可能由于房屋建造时局部基础砌筑质量不佳，造成房屋某一部分冻胀上抬不均而产生局部斜裂缝，如图 1.20（c）所示。

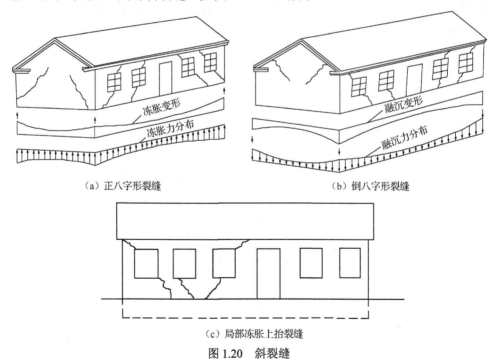

（a）正八字形裂缝　　　　　　　　　　（b）倒八字形裂缝

（c）局部冻胀上抬裂缝

图 1.20　斜裂缝

2. 水平裂缝

位于冰冻线之上的基础，房屋墙体内外存在温差，室外温度低、冻深大，室内温度高、冻深小，在基础下产生的法向冻胀力大致呈三角形分布［图 1.21（a）］。在基础侧面产生侧向冻胀力，外墙总切向冻胀力大于内墙总切向冻胀力。如上所述，三角形分布法向冻胀力和内外墙基础侧面总切向冻胀力的差值，必将使墙体产生偏心弯矩 M，导致墙体产生水平裂缝。水平裂缝多出现在门窗洞口的上或下横断面上［图 1.21（b）］，且呈现内墙口较宽、外墙口较窄的形式。

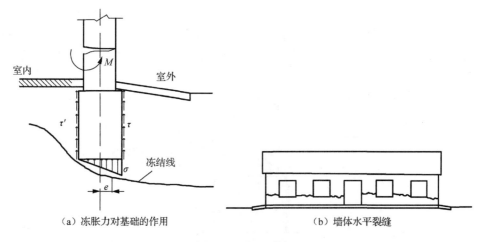

（a）冻胀力对基础的作用　　　　　（b）墙体水平裂缝

图 1.21　水平裂缝

3. 垂直裂缝

垂直裂缝多出现在房屋的转角、内外墙连接处及外门斗与主体结构的连接处，这是由于结构各部位冻胀和融沉不均，使转角或连接处直接受剪而产生。例如，门斗基础浅，冻胀上抬量大于主体房屋，便在主体房屋与门斗接缝处剪断而出现垂直裂缝。又如，侧墙与前墙冻胀、融沉不均产生垂直裂缝（图 1.22）。

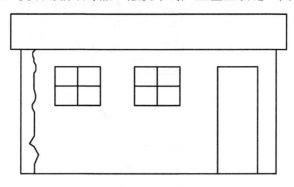

图 1.22　端墙垂直裂缝

1.3.3 冻胀灾害防治措施

根据建筑物产生冻胀灾害的根本原因，防治地基土冻胀对建筑的破坏性可以从以下两大类措施入手：一方面是减小或消除地基土的冻胀力，即地基处理措施；另一方面是增强建筑物抵抗和适应冻融变化的能力，即结构措施。

1. 地基处理措施

地基处理措施主要包括换填法、物理化学法、保温法、排水隔水法等。

换填法：指用粗砂、砾石、矿渣等非冻胀性材料将天然地基中的冻胀土部分或全部置换，从而减小或消除地基土的冻胀。换填法是季节性冻土区建筑物常用的冻胀灾害防治措施，如图 1.23 所示。

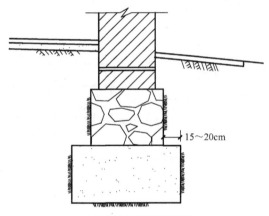

（a）房屋条形基础下换填

15～20cm

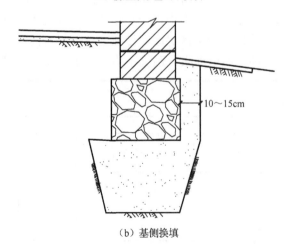

（b）基侧换填

10～15cm

图 1.23　换填法

物理化学法：指利用交换阳离子和盐分对冻胀影响的规律采用人工材料处理地基土，改变土粒子与水之间的相互作用，使土体中的水分迁移强度及土的冻结温度发生变化，从而达到消减冻胀的目的。目前主要有人工盐渍化改良土（图 1.24）、憎水物质改良土和使土颗粒聚集或分散改良土等方法。

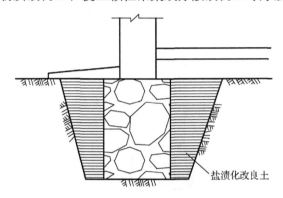

图 1.24　物理化学法

保温法：指在建筑物的基础底部或四周设置隔热层，增大热阻，以推迟地基的冻结，提高土体温度，减小冻结深度，进而起到防治地基冻胀的作用（图 1.25）。

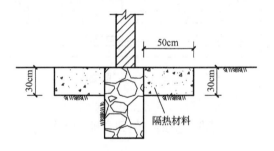

图 1.25　保温法

排水隔水法：指通过排水的方式降低地下水位及季节性冻土层范围内土体的含水量，同时隔断外水补给来源，避免建筑物周围有积水坑，并且设置排水沟和散水。

2. 结构措施

结构措施主要包括设置深基础和锚固基础，增强基础或上部结构的刚度或整体性，合理分割结构，以及设置变形缝等。

房屋须选址得当，平面造型简单。建造房屋时，除了应将建筑尽量选在地势高、地下水位低、排水条件好的地点之外，还应在满足正常使用条件下，力求建筑外形简单，避免凹凸的多角造型。

　　设置深基础和锚固基础。在冻胀土地基上，对于不允许有冻胀变形的建筑物，基础可采用深基础和锚固基础，主要的锚固基础有深桩基础、爆扩桩基础及其他形式的扩孔桩基础。该结构措施多用于桥梁和渡槽工程中，对于村镇建筑极少采用。

　　增强建筑物基础和上部结构的刚度和整体性。寒冷地区房屋建筑的工程实践表明，沿基础顶部及楼板或门窗过梁部位加设钢筋混凝土圈梁，能有效加强基础及上部结构的整体性，对防止不均匀冻融引起的结构破坏有显著的减弱作用（图 1.26）。

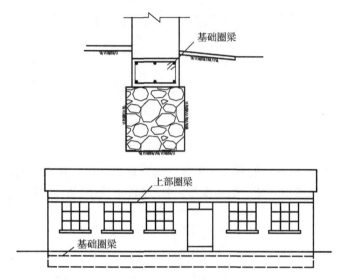

图 1.26　房屋圈梁

　　合理分隔结构及设置变形缝。当房屋建筑在设计时平面布置较为复杂，或立面造型高低不等时，可通过设置变形缝起到合理分隔结构的作用。此法对于村镇建筑也应用较少。

　　上述方法能有效减小或消除由地基冻胀对建筑物产生的不利影响，在实际实施时还需根据当地具体情况合理选用。本书主要采用的复合隔震体系，采取换填和加设圈梁的方式来综合消除地基冻胀影响，即在建筑基底设置一定厚度、密实度、粒径组成的砂垫层置换原有冻胀土体，并设置基础圈梁来提高结构整体刚度，以便消除或减弱冬季寒区村镇建筑的冻胀影响。

1.4　复合隔震技术的提出

　　笔者根据高烈度寒区村镇建筑的地震、冻胀等问题，对房屋抗冻胀方法和消能隔震体系设计进行了综合思考。在传统换填垫层选材和布置上稍做调整，可以通过垫层的内部塑性变形和阻尼耗能，实现隔震的目的；同时，在地震作用大，又无土体约束的墙基（室外地面标高附近）位置布设由上下两层基础圈梁构成的滑移隔震层，形成了一种基底砂垫层与基础滑移层串联的新型复合隔震体系。砂垫层和基础滑移层可以实现罕遇地震下的有效消能减震，并通过换土和地圈梁的设置消除地基冻胀的不利影响。该技术对于高烈度寒区而言具有明确的区域适宜性。

1）砂垫层-基础滑移复合隔震技术方案及工作目标

本书提出的砂垫层-基础滑移复合隔震技术方案为：在建筑基底设置一定厚度、密实度、粒径组成的砂隔震垫层置换原有土体，在室外地面标高处设置分上下两层两次浇筑的地圈梁（下圈梁宽度应大于上圈梁，以便留有上部结构的滑移安全位移），两层圈梁之间铺设一道滑移隔震层（可为低标号改性砂浆、石墨、滑石粉、聚四氟乙烯颗粒等低摩擦系数材料），圈梁内预留一定数量孔洞，待拆模后插入橡胶束限位装置，并用沥青油膏填补孔洞空隙，形成基底砂垫层与基础滑移隔震层相结合的串联复合隔震体系（图 1.27）。该技术原材料由砂砾垫层和橡胶束（由切割橡胶片和铁丝绑扎而成）等构成，原材料丰富、取材方便、价格低廉；整个体系的制作工艺和施工方法简单易行，无须增加更多的复杂机具，对工期也几乎没有影响。因此，该隔震技术具有较高的实用价值。

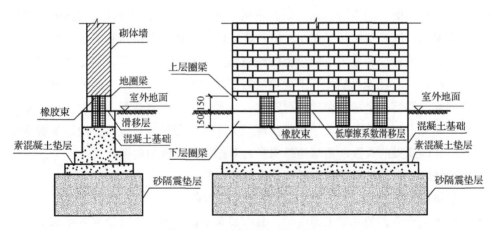

图 1.27 复合隔震体系布置方案

该技术隔震技术适于高烈度寒区村镇建筑，且在国家自然科学基金项目（项目编号：51368054）和兵团科技援疆计划（项目编号：2014AB053）支持下完成，并申请获批了"抗冻胀复合隔震建筑体"专利[16]。

砂垫层-基础滑移复合隔震体系的设计思路来源于对房屋抗冻胀方法和消能

减震体系设计的综合思考。换填垫层是消除地基冻胀的措施之一[17]，在传统换填垫层选材和布置上稍做调整，可通过垫层的内部塑性变形和阻尼耗能实现隔震的目的，但由于砂砾间摩擦系数相对较高，以及土体的约束，导致垫层变形和基底滑移量较小，若仅依赖该措施隔震效果非常有限，需要进一步融入其他消能手段以提高减震效率。砌体结构震害经验表明，由于地震作用大，又无土体约束，墙基（室外地面标高附近）是结构的薄弱部位，也是消能减震体系布设的合理位置。为进一步提高减震效率，在墙基布置可相对滑移的两层基础圈梁，即采用低摩擦系数滑移层引导地震作用下水平裂缝在此薄弱部位出现，并通过在地圈梁内设置限位橡胶束，形成一个将低摩擦系数材料滑动摩擦和橡胶束消能限位相结合的滑移隔震层。该隔震层在砂垫层减少地震能量对结构输入的基础上，进一步耗能减震，减轻上部结构的震害。该技术在构造简单、施工方便的前提下，既起到了消除地基冻胀的作用，又提升了隔震效果。

体系预期工作目标为：在小震作用下，仅砂垫层发挥隔震功效，基础滑移层未开始工作，结构整体抗震，依赖其自身抗震能力实现"小震不坏"的设防目标；在中、大震作用下，两层基础圈梁中部的滑移层开始工作，基础圈梁一分为二，上部结构随上层圈梁一起整体滑动，橡胶束发生剪切变形，砂隔震垫层和基础滑移层形成串联复合隔震体系共同消能减震，有效减轻上部结构损伤，实现"中震可修，大震不倒"的设防目标。研究表明，砂垫层隔震主要依赖其材料的大阻尼和易于流动，以及与接触界面相对滑移等特性[18]，由于基底滑移不能复位，不便震后修缮，研究拟通过调节回填土的约束刚度和基底摩擦系数，避免结构出现基底明显滑移，故耗能机制主要考虑垫层内部塑性变形耗能和阻尼耗能；根据不同地震烈度，调节单个橡胶束的抗剪刚度，以及橡胶束布置数量，实现其限位复位作用，避免上部结构与隔震结构间出现过大不可恢复的相对位移；通过基底换填砂垫层和地圈梁的设置，消除地基冻胀力对结构整体性的危害。

2）砂垫层-基础滑移复合隔震体系的技术特点

砂垫层-基础滑移复合隔震体系是在充分调研北方地区面临地基冻胀和地震灾害两大主要危害的基础上提出的，具有显著的区域特点。砂垫层置换冻土以及基础圈梁的设置，可以有效降低地基冻胀作用对结构的危害，同时，基底砂垫层与基础滑移隔震层的有机结合形成一种全新的串联复合隔震体系，通过合理的参数设置，可得到优于单独使用砂垫层隔震或基础滑移隔震的效果。该体系具有以下特点。

（1）该技术具备取材方便、制作简单、施工工艺简单、成本低廉的特点，符合村镇建筑抗震原则。该技术涉及的材料主要包括粗砂、橡胶片、铁丝，以及易于购买的低摩擦系数材料，如滑石粉等，材料来源广泛，且价格不高。在制作上，只需对砂垫层的粒径进行一定筛选，将切割好的橡胶片用 3 道铁丝捆绑制作形成橡胶束限位装置，故制作方法十分简单。施工工艺简单，基本不影响施工工期。在下圈梁内预定位置留设孔洞，待下圈梁浇筑完成后进行上表面收光，养护 24h 后，在下圈梁上铺设一层厚度为 10mm 的低摩擦系数隔震层；若为改性砂浆，需铺设完成后收光养护，养护 24h 后进行上层圈梁的施工。

（2）创新性地将基底垫层隔震和基础滑移隔震相结合，形成一种新型的串联复合隔震体系，该体系可以实现"小震、中震、大震"不同水准下的消能减震机制。该复合隔震体系可以实现不同地震水准下都能耗能减震的目标，小震下基底砂垫层发挥隔震作用，中、大震时基底砂垫层和基础滑移层共同消能减震，形成的串联隔震体系可以有效地减小地震荷载向上传递；同时，由于基底砂垫层的阻尼耗能，上部结构的滑移位移将有所减小，降低限位装置的变形要求。

（3）砂垫层和基础圈梁的设置，可以有效避免地基冻胀对低层村镇建筑的危害。在我国北方较多地区存在一定厚度的季节性冻土（多数地区冻土深度大于 1m），按照相关规范要求，房屋建造的基础埋深应处于冻土深度线以下或采取有效的消除冻胀影响的措施，对一到两层的村镇建筑而言，将基础埋深至地面下大于 1m 不切实际。本书提出的复合隔震技术，正是采用置换冻土和加设基础圈梁的方式来削减冻胀力和提高结构抗力，在实现消能减震的同时兼顾了抗冻胀的作用。

1.5 本书主要内容

1.5.1 技术路线

针对北方高地震烈度寒区村镇建筑面临的地震灾害和地基冻胀两大问题，因地制宜地提出能够兼顾抗冻胀的新型复合隔震技术，采用理论分析、试验研究及数值模拟等研究方法，对复合隔震体系的消能减震机理、不同组分滑移层隔震墙体的抗震性能、在不同地震作用水准下的体系动力响应特征，以及不同烈度区滑移层摩擦系数取值等关键问题开展研究，对复合隔震体系的抗震性能进行综合评价，并在此基础上提出复合隔震技术的设计与施工建议。本书的研究技术路线如图 1.28 所示。

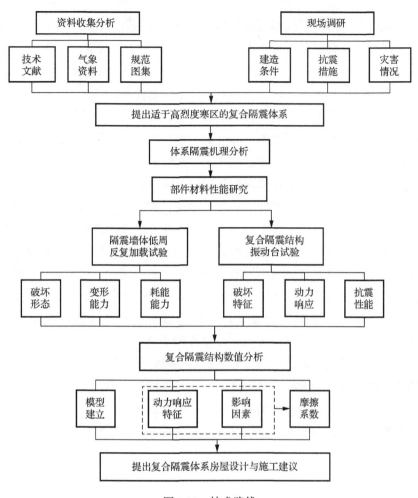

图 1.28　技术路线

1.5.2　研究内容

本书的主要研究工作包括以下六项内容：

1）提出适于高烈度寒区村镇建筑的砂垫层-基础滑移复合隔震体系

针对高地震烈度寒区村镇建筑面临的地震灾害和地基冻胀等问题，同时结合村镇经济水平、施工条件以及组织管理现状，有针对性提出兼顾抗冻胀的砂垫层-基础滑移复合隔震体系，并分析其工作原理。

2）砂垫层-基础滑移复合隔震体系相关部件的材性研究

对构成复合隔震体系的基础滑移隔震层和基底砂垫层等相关隔震部件的材料性能及构造进行了研究，包括基础滑移隔震层的配方、在不同烈度需求下的开裂启滑条件及滑移性能研究,以及基础滑移隔震层的限位装置——捆绑橡胶束的抗剪强度及变形能力研究,并探讨了基底砂垫层的材料组成及施工工艺。

3)滑移隔震墙体抗震性能的低周往复加载试验研究

进行了滑石粉改性砂浆滑移隔震墙体、钢珠-改性砂浆滑移隔震墙体、石墨粉滑移隔震墙体等 3 种隔震构造墙体与普通抗震固结墙体的低周往复加载试验对比研究,重点考察了墙体的破坏过程,从破坏现象、滞回耗能能力、刚度退化等角度进行了对比分析。

4)砂垫层-基础滑移复合隔震结构模型振动台试验研究

进行了 1/4 缩尺模型对比振动台试验,包括 4 栋 2 层的砌体结构房屋,分别为复合隔震结构砌体房屋、基础滑移隔震结构砌体房屋、基底砂垫层隔震结构砌体房屋和普通抗震结构砌体房屋。对比考察了不同结构模型在不同地震输入水平下的动力特性、地震反应特征及破坏特点。通过对比分析,对复合隔震结构砌体房屋的消能减震效果进行综合评价。

5)砂垫层-基础滑移复合隔震结构数值分析

采用 ABAQUS 软件对包括普通砌体结构、基础滑移隔震结构、砂垫层隔震结构、复合隔震结构等 4 种模型进行了不同地震强度输入下的弹塑性时程分析,分析了 4 种结构动力反应特征的差异,明确了复合隔震结构的隔震机理,以及不同烈度区合理的设计参数取值。

6)砂垫层-基础滑移复合隔震村镇建筑技术要点

基于本书所开展的相关材性试验、滑移隔震墙体抗震性能试验、1/4 缩尺模型振动台试验,以及理论分析和数值模拟研究成果,综合考虑现行《建筑抗震设计规范(2016 年版)》(GB 50011—2010)对隔震房屋相关设计及构造要求,《建筑地基处理技术规范》(JGJ 79—2012)、《冻土地区建筑地基基础设计规范》(JGJ 118—2011)等对基底换填垫层的要求,初步提出砂垫层-基础滑移复合隔震村镇建筑的设计与施工建议。

第2章 村镇建筑复合隔震技术基本原理

2.1 村镇建筑减隔震技术的研究现状

随着减隔震技术在抗震中的优异表现，消能减震和隔震技术相关理论与实践发展迅速，国内外学者进行了大量的理论分析和试验研究。近些年，越来越多的学者开始关注村镇建筑的简易减隔震技术。本书提出的复合隔震技术是在借鉴传统的基础隔震和基底砂垫层隔震的基础上，针对我国北方村镇低层建筑同时面临地震和地基冻胀双重影响的问题，提出的一种可兼顾抗冻胀的串联复合隔震结构。本节将对村镇建筑减隔震的研究现状进行探讨。

2.1.1 国外研究现状

1. 基础隔震技术

日本的河合浩藏[19]于 1881 年最早提出了基础隔震的概念，提出在交错布置的圆木上建房，利用圆木之间的相对运动来减弱地震荷载的向上传递。1906 年，德国的 Jacob Bechtold 提出要对建筑采用基础隔震技术以提高结构安全度[20]。1909 年，英国 Calantarients[21]提出将滑石或云母设置在建筑物与地基之间，使建筑物在地震时可滑动以消耗能量，使上部结构免受破坏；他对此项技术申请了专利，开滑移隔震之先河。1921 年，美国著名工程师 Frank Lloyd Wright 在日本东京建成了最早的隔震建筑——帝国饭店，巧妙地利用了持力层下的软泥土层的动力特性，并将其作为结构物的隔震垫层，设计了紧密排列的短桩打入持力层并到达软泥土层的表面，该建筑在 1923 年的东京大地震中完好无损。1951 年，日本的大筑志夫提出了在基础的两个垂直方向设置滚柱、四周用弹簧支承的"减震机构法"。1965 年松下清夫在新西兰的世界地震工程会议上提出用摆动隔震装置作为隔震层，这是隔震技术在全世界范围内首次被以解析的形式论证，隔震技术思路基本明晰，已经达到现代隔震技术的基本要求[22]。

到 20 世纪 60 年代以后，隔震技术受到发达国家的重视，并开展了系统的研究，取得了十分丰富的成果。在这个阶段，以 Gent 等[23,24]、Lindley[24]和 Lindley[25]

为代表，提出了将钢板和橡胶相结合的隔震支座，并对其力学性能进行了比较深入的理论分析和试验验证研究[23-25]。1969 年建成的南斯拉夫的贝斯特洛奇小学采用了纯天然橡胶制成的隔震支座[26]，被认为是现代最早的隔震建筑结构。20 世纪 70 年代初，新西兰学者 Skiner 等首次研发了一种较为可靠且经济性、实用性都较好的隔震元件——铅芯夹层橡胶垫，将隔震技术的应用性推向新高度[27]。

进入 20 世纪 80 年代后，隔震技术在实际工程中得到了广泛的推广和应用。1981 年，日本的松下清夫、和泉正哲在东京理科大学一号馆中应用了双重柱与钢阻尼器的隔震技术[28]。1984 年，一栋 4 层政府办公大楼在新西兰首都惠灵顿投入使用，这是世界上第一次将铅芯夹层橡胶垫作为隔震元件在工程中成功应用[29]。1985 年，美国加利福尼亚州建成的一个司法事务中心采用了高阻尼橡胶支座，它是美国的首栋隔震建筑[30]。1986 年，一座隔震的 5 层高技术中心大楼在日本东京建成，同年新西兰也建成了一座隔震的 10 层办公楼。

20 世纪 90 年代以后，隔震技术的理论体系逐步建立并成熟起来，分析模型由原来的单质点分析模型、多质点分析模型发展到三维空间模型。Nagarajaiah 等[31]开发了三维非线性动力反应分析程序 3D-BASIS 用于动力分析，并在实际应用中不断完善。Datta[32]对隔震结构的双向地震动与偏心结构扭转问题进行了深入研究。新西兰 Skinner[33]首先建议对于基础隔震建筑可采用简化计算方法进行计算，美国和日本学者也先后建议了隔震结构的简化计算方法。橡胶支座的研发也受到了关注，Nakamruals[34]对叠层橡胶支座基础隔震单层房屋进行了试验；Hwang[35]基于叠层橡胶支座基础隔震房屋做了振动台试验，模拟了其在三向地震作用下的状况。

2007 年，美国 Kelly 等[36, 37]提出采用碳纤维等材料代替传统叠层钢板橡胶隔震支座内部的叠层钢板，并取消橡胶支座的上、下连结钢板，以达到降低隔震支座的造价和减轻隔震支座质量的目的，以便在村镇地区的 1～3 层砌体房屋中推广使用，并对这种支座进行了试验和理论方面的研究。2008 年，斯洛文尼亚的学者 Tomaževic 等[38]对采用纤维隔震支座的砌体房屋与普通结构砌体房屋进行了振动台试验对比研究，结果表明纤维隔震支座有较好的隔震效果。2009 年，Ahmad 等[39]对摩擦滑移隔震砌体结构和固定基础且无任何隔震措施的普通砌体结构采用单层 1/4 缩尺模型进行了振动台对比试验，结果表明滑移隔震结构顶部加速度较普通结构显著降低，70%的地震能量输入耗散在滑动当中，且在大震时滑移隔震结构几乎没有肉眼可见的裂缝，但普通结构在中震时已经出现贯通裂缝，严重破坏。2011 年 Ahmad 等[40]又对分别采用粗干砂和聚四氟乙烯板作为滑移隔震层材料的两种砌体结构进行了 1/4 缩尺模型的振动台对比试验，试验结果表明，聚四氟乙烯板比粗干砂隔震效果更好。

2. 复合隔震技术

复合隔震体系是将橡胶垫隔震技术与摩擦滑移隔震技术相结合以串联或并联的方式出现[41]，通过合理参数搭配，实现优势互补，以获取更好的隔震效果。复合隔震技术伴随着摩擦滑移隔震系统的出现与应用，为弥补摩擦滑移隔震支座不能自动复位的缺点而出现。1986 年，Kelly[42]提出将弹性复位装置与摩擦滑移支座组合形成新的隔震系统，实现摩擦滑移支座摩擦耗能、弹性复位装置提供限位复位功能的目标。1987 年，Mostanghel 和 Khodaverdian[43]提出了由摩擦板构成的摩擦元件与中心和外围护相结合的橡胶弹性元件组成的可复位摩擦基础隔震系统（resilent-friction base isolator，R-FBI）。Chalhoub 和 Kelly[44]在 1990 年提出了采用橡胶支座作为限位元件的新型组合隔震系统，并对其隔震效果进行了振动台试验研究（图 2.1）。

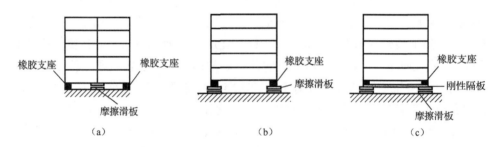

图 2.1　复合隔震体系

2.1.2　国内研究现状

隔震技术的应用在我国可追溯到一两千年以前，有着悠久的历史背景。至今保存的古代宫殿、寺庙、楼塔等大都有"以柔克刚"来实现消能减震的构想；例如紫禁城建筑基础底部设有糯米层，西安小雁塔基础底面设置为圆弧形球面[45]，经过历次地震，古建筑仍保存完好，充分证明了我国在隔震方面是一个起源较早、应用较多的国家。自 20 世纪 60 年代起，我国开始关注现代隔震理论[46,47]，李立[48]最先在我国倡导现代隔震技术的应用，目前国内许多学者对基础隔震结构、基底垫层隔震结构和复合隔震结构开展了大量的理论分析、数值模拟和试验研究。

1. 基底垫层隔震技术

基底垫层隔震是通过在建筑物基础底部与地基土体之间设置砂、石垫层或土工合成材料来达到减少地震作用力向上部结构传递的隔震目的。早期砂垫层隔离振动技术在减小机械冲击振动方面有过应用,利用砂子易于流动、不能传递拉应力的特点,通过砂子的大幅变形来消耗地表冲击能。1996 年,许学忠等[49]对砂垫层组合隔离系统进行了封闭爆炸实测,研究表明输入冲击信号的频谱特性、砂垫层的周边约束、砂垫层厚度、砂的颗粒度和干湿度等对其隔离效果均有影响,砂垫层具有良好的隔震效果。

河北工业大学的赵少伟[50]针对村镇地区大量存在的中、低层砌体结构房屋,采用不同厚度、不同粒径的砂垫层进行隔震,通过理论分析和室内砂箱振动台地震模拟试验,对砌体结构基础下砂垫层的隔震性能及影响因素进行研究。结果表明,在短周期刚性结构的基础下设置砂垫层是一种降低建筑物底部输入加速度、减小地震动作用的较有效的方法。随后,刘晓立等[51-53]对砂垫层隔震技术进行了系统的理论分析、数值模拟和振动台试验研究,对砂垫层的减震性能及可能影响其减震性能的因素做了一些探讨。研究表明,砂垫层的刚度和厚度、输入地震波的种类和频谱特性,以及地震波的峰值大小等都对砂垫层的减震效果有一定的影响。

钱国桢等[54]研究了约束砂垫层的隔震性能及其在农村民居示范工程中的应用,并进行了振动台模型试验和对试点建筑人工激振的响应测试。实测结果表明,隔震效果良好,且在小震时隔震效果不明显,中震、大震时减震效果显著,适于在高烈度地区推广使用。

西安建筑科技大学魏磊[55]根据我国广大农村地区房屋低矮、上部刚度相对较大的特点,提出了碎石垫层减震、隔震的概念,具有取材方便、成本较低、施工简便、隔震效果较好等优点,适合在农村地区推广应用。

2. 基础隔震技术

基础隔震是指在建筑物或构筑物基础与上部结构交界处设置水平刚度相对于上部结构的侧向刚度明显较低的隔震层,利用隔震层的变形来延长结构自振周期、增大结构阻尼、减小上部结构水平地震作用,实现预期的防震要求。较为常见的基础隔震形式有悬吊式、弹性支承式、滑移式和摆动式四大类,在村镇建筑中应用较多的为弹性支承式和滑移式隔震。弹性支承式应用最多的是以叠层橡胶支座作为隔震器;而滑移隔震主要采用低摩擦系数的材料制作隔震层,例如沥青、砂、石墨等,并配置位移限制装置。

汶川地震后,村镇建筑的基础隔震技术得到了较多学者的关注,湖南大学尚守平等针对低矮的砌体结构房屋提出了一种施工简单、价格低廉、隔震性能优越的钢筋-沥青复合隔震结构[56](图 2.2),对钢筋-沥青复合隔震结构模型进行了振动台试验[57]和拟动力试验[58]。

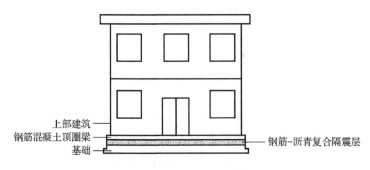

图 2.2　钢筋-沥青复合隔震结构

2011 年，曹万林和周中一提出了一种适用于村镇砌体房屋的新型双控型基础滑移隔震结构（图 2.3），针对该技术，进行单层砌体结构模拟振动台试验对比分析,研究表明这种新型隔震体系具有良好的隔震性能和抵御地震灾害的能力[59, 60]。而后，于 2014 年提出了一种适用于双控型隔震体系的低强度玻璃珠砂浆隔震层[61]。

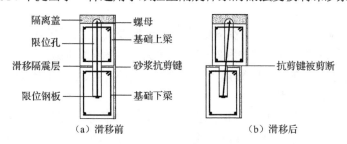

（a）滑移前　　　　　　　　　（b）滑移后

图 2.3　双控型基础滑移隔震结构

广州大学曹京源[62]研究了一种针对农村地区砌体结构的新型隔震技术，该技术采用纤维橡胶隔震支座替代传统的叠层钢板橡胶支座，对其进行了理论分析和模拟振动台试验，验证了该新型技术具有较好的隔震效果。广州大学赵桂峰等[63]研究了村镇建筑带限位装置摩擦隔震体系的参数影响，得出摩擦系数 μ_s 合理取值范围为 $0.05 \leqslant \mu_s \leqslant 0.01$，隔震层弹性刚度 K_b 的合理取值范围 K_b / K 为 $1/10 \sim 1/4$（K 为结构层刚度），隔震层屈服位移参数 X_b 的合理取值范围为 $6 \sim 18$mm，且 $K_b \cdot X_b / K$ 为 $1.5 \sim 2$mm。

大连理工大学刘开康[64]研究了土坯滑移隔震结构在地震作用下的动力反应，以及各种因素对减震率和基底最大滑移量的影响规律，并对以砂粒为隔震层的土坯滑移隔震结构模型进行了振动台试验，验证了其实际减震效果。

安徽理工大学蔡康峰[65]针对中低层建筑基础滑移隔震效果进行了数值计算，并针对滑移隔震结构的倾覆问题，提出了一种有效抗滑移倾覆的构造措施（图 2.4）。

四川大学熊峰[66]研究了将废旧轮胎在农居砌体结构房屋中作为隔震系统（图 2.5），提出了废旧轮胎在隔震体系中的构造以及设计方法。

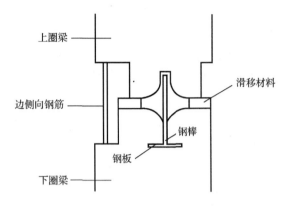

图 2.4　抗滑移倾覆的构造措施

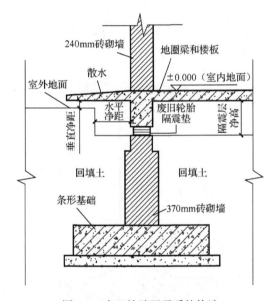

图 2.5　废旧轮胎隔震系统构造

　　长安大学王毅红等[67, 68]将橡胶隔震支座应用于村镇低矮砌体结构，对设有橡胶支座的村镇砌体结构进行了试验研究，并提出了橡胶支座构造设计（图 2.6）。结果表明，橡胶支座应用在村镇低矮砌体结构中具有良好的隔震效果。

　　重庆大学李英民等[69]和卜长明[70]提出了一种基础梁上铺设沥青-砂垫层的简易消能减震技术（图 2.7），并对其进行了试验及数值模拟研究。结果表明，沥青-砂垫层具有较好的隔震性能。

　　广州大学王斌[71]提出选用环氧树脂纤维与不饱和聚酯纤维加强工程塑料板

两类板材，替代传统橡胶支座中的钢板，研发了一种新型简易隔震支座，分别对其进行了拉伸和弯曲性能试验，探索了简易支座的冷粘结与热硫化成型工艺，并对简易隔震支座进行了试验性能研究。研究证明，该新型简易隔震支座隔震效果良好，具有质量轻、造价低、便于运输与施工等优点，可望在村镇地区普及推广，具有重要的现实意义与应用前景。

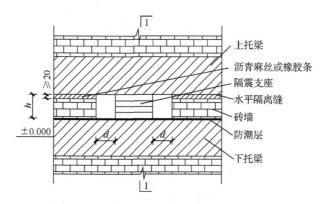

图 2.6　橡胶支座构造立面图

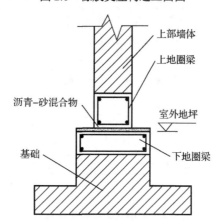

图 2.7　沥青-砂垫层构造剖面图

　　长安大学郑瑶[72]将铅芯橡胶支座隔震体系应用于低矮砌体结构村镇民居，分别完成了隔震墙体拟动力试验、隔震垫层水平刚度试验，以及低矮隔震砌体结构和非隔震结构的振动台试验，结果表明铅芯橡胶支座应用在村镇低矮砌体结构中具有良好的隔震效果。

　　综上所述，村镇建筑减隔震技术在汶川地震后研究开始增多，尤其在低层砌体建筑的基础滑移隔震技术方面，诸多学者提出了各自的隔震技术，且大多集中于针对隔震层的研究，符合简易、实用、经济的原则。

2.2 复合隔震体系的基本原理

复合隔震体系由基底砂垫层和基础滑移层串联组成，本节在对砂垫层隔震和基础滑移隔震基本原理进行分析的基础上，进一步采用三质点简化模型建立复合隔震体系的动力分析模型，结合地震反应谱理论，对复合隔震体系的消能减震机理和动力响应特征进行理论分析。

2.2.1 砂垫层隔震基本原理

1. 砂垫层隔震机理

地震波和地震能量在土层传播过程中是逐渐衰减的，其机理主要有两方面，即与地震波传播特性有关的衰减和反映介质内在属性的地基土层本征衰减，具体包括层状土体界面对地震波的反射、土体非均匀性引起的散射、地基土层的黏滞阻尼和塑性变形、土颗粒的摩擦耗能、液化土层对地震波的滤波和吸收等[73]。在浅层地基中设置柔性的大阻尼砂砾隔震垫层，可以将部分地震能量通过地基土的滞回和波辐射作用耗散在地基中，使地震产生的变形集中到柔性地基上，从而减少地震能量向上部结构传递，减轻建筑结构的损坏，保证建筑物安全。因此，在建筑物基础和地基之间铺设一定厚度、密实度和含水率的砂垫层，相对传统的岩石或坚硬场地地基而言，具备易流动、剪切刚度小、材料阻尼大等特点，可以利用砂垫层的内部塑性变形耗能和阻尼耗能，以及基底滑动摩擦耗能来削弱地震能量，实现减小地震作用力向上部结构传递的目的。砂垫层具备就地取材、施工容易、造价低廉的优点，可靠度和耐久性也有保障，适于在广大农村普及。

2. 砂垫层隔震的动力学模型

砂土的抗剪强度决定于密度、应力历史、有效法向应力、固结比、排水条件等，较为复杂。本书分析砂土抗剪强度时采用线性 Drucker-Prager 本构模型[74]，分析中采用简化单自由度动力学模型，如图 2.8 所示。将上部结构和基础简化为集中质量 m；将砂垫层的弹性刚度简化为弹簧，常数为 K；将砂垫层的阻尼性质简化为阻尼器，阻尼系数为 C。砂垫层的阻尼力大部分是砂垫层本身的内摩擦力以及周围约束土体和基础之间的摩擦力。

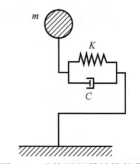

图 2.8 砂垫层隔震结构简化
单自由度动力学模型

2.2.2　基础滑移隔震基本原理

1. 基础滑移隔震基本原理

基础滑移隔震的基本原理是：在基础与上部结构间铺设一层低摩擦系数的滑移隔震层，通过启控装置或滑移层构造控制其在多遇地震下不发生滑动，在罕遇地震作用下，上部结构与基础之间发生相对滑移，从而减轻地震作用。由于采取隔震措施，上部结构的层间变形转化为摩擦滑移层的滑动位移，上部结构则趋于平动，上部结构的加速度、层间剪力、层间位移等均有显著减小。

2. 基础滑移隔震的动力学模型

如上所述，基础滑移隔震结构在不同地震作用水准下其运动状态不同。在多遇地震作用下，结构所受的基底剪力未超过摩擦力和附加启控装置的启控力，结构处于啮合状态；在罕遇地震作用下，当结构所受的基底剪力大于摩擦力和启控力时，结构将开始滑移，体现滑移耗能的特点。其简化单自由度动力学模型如图 2.9 所示。

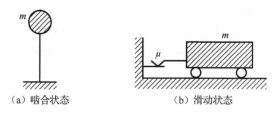

（a）啮合状态　　　　　（b）滑动状态

图 2.9　基础滑移隔震结构简化单自由度动力学模型

啮合状态的运动方程为

$$M\ddot{X} + C\dot{X} + KX = -M\ddot{X}_g(t) \qquad (2.1)$$

滑移状态的运动方程为

$$M\ddot{x} + C\dot{x} + Kx = -M\ddot{x}_g(t) + F \qquad (2.2)$$

式中：$\ddot{X}$ 为上部结构相对于地面的位移；$\ddot{X}_g(t)$ 为地面加速度；$F = \begin{Bmatrix} f \\ 0 \\ \vdots \\ 0 \end{Bmatrix}$，

$f = -\mathrm{sgn}(\dot{x}_0)\mu\sum_{i=1}^{n} m_i \cdot g$，$\dot{x}_0$ 为滑移层的滑移量，μ 为滑动摩擦系数。

临界状态的判断条件为式（2.3）和式（2.4）。

啮合状态到滑移状态：

$$\left|\sum_{i=0}^{n} m_i(\ddot{x}_i + \ddot{x}_g)\right| \geqslant \mu \cdot \sum_{i=1}^{n} m_i \cdot g + f_k \tag{2.3}$$

滑移状态到啮合状态：

$$\left|\sum_{i=0}^{n} m_i(\ddot{x}_i + \ddot{x}_g)\right| \leqslant \mu \cdot \sum_{i=1}^{n} m_i \cdot g, \quad \ddot{x}_g(t) = 0 \tag{2.4}$$

式中：f_k 为启控装置的启控力，即当为取得更好的隔震效果在高烈度区采用摩擦系数很小的滑移层构造时，为避免出现小震滑移的现象，考虑设置附加启控装置。

2.2.3 砂垫层-基础滑移复合隔震体系的基本原理

1. 砂垫层-基础滑移复合隔震的消能减震机理

地震对结构的作用是一种能量的传递、转化与消耗过程，而减轻或控制地震反应的基本原则主要是以适当的方式耗散地震输入的能量，因此能量的输入、转化和吸收（耗散）是结构地震反应的基本特征[75]。根据多自由度振动体系的微分方程可以推导出地震输入下抗震结构任意时刻的能量平衡方程 [式（2.5）]，对于隔震结构，则应补充附加隔震装置所消耗的能量 E_d [式（2.6）]。

$$E_k(t) + E_c(t) + E_h(t) + E_s(t) = E_i(t) \tag{2.5}$$

$$E_k(t) + E_c(t) + E_h(t) + E_s(t) + E_d(t) = E_i(t) \tag{2.6}$$

式中：地震总输入能量 $E_i(t) = -\int_0^t \dot{X}(t)^T MI\ddot{X}_g(t)dt$；体系动能 $E_k(t) = -\int_0^t \dot{X}(t)^T M\ddot{X}(t)dt$；

体系阻尼耗能 $E_c(t) = -\int_0^t \dot{X}(t)^T C\ddot{X}(t)dt$；体系应变能为滞回耗能与弹性应变能之和

$E_h(t) + E_s(t) = -\int_0^t \dot{X}(t)^T f_s dt$；$E_d$ 为隔震装置所消耗的地震能量。

在传统抗震结构中，由于弹性应变能 $E_s(t)$ 和动能 $E_k(t)$ 在地震反应结束后将趋于零，耗散地震能量的方法只能是增加结构的阻尼耗能 $E_c(t)$ 和滞回耗能 $E_h(t)$，而阻尼耗能 $E_c(t)$ 所占比重较小，传统的方法主要是通过提高主体结构及承重构件的塑性变形能力来增加滞回耗能 $E_h(t)$，但其是以增加结构损伤为代价。对于隔震结构而言，如其能量方程式（2.6）所示，隔震结构通过附加装置消耗 E_d 来实现耗能，减小结构的滞回耗能，减轻结构损伤。本书提出的复合隔震体系，其在各水准地震作用下的耗能机制为：小震时，E_d 为基底砂垫层内部塑性变形和阻尼耗能；中、大震时，基底砂垫层内部塑性变形和阻尼耗能，以及基础滑移层的滑移摩擦耗能共同构成 E_d 消耗地震能量，减小地震作用力的向上传递，从而确保主体结构在大震作用下保持弹性或仅发生微小塑性变形，有效保障上部结构的安全。

2. 砂垫层-基础滑移复合隔震体系的动力学模型

如前所述，对滑移隔震结构动力学模型已有大量研究，一般采用单质点或双质点体系进行理论分析，滑移层采用间断型库伦摩擦力模型。本书提出的基底砂垫层与基础滑移隔震层形成的串联复合隔震体系，可采用三质点计算模型（图 2.10）进行分析，各质点运动方程为

$$\begin{cases} m_1\ddot{x}_1 - \mathrm{sgn}(x_1)\mu_1 m_1 g + C_1(\dot{x}_1 - \dot{x}_2) + K_1(x_1 - x_2) = -m_1\ddot{x}_g \\ m_2\ddot{x}_2 - \mathrm{sgn}(x_2)\mu_2(m_2 + m_3)g + K_2(x_2 - x_3) - C_1(\dot{x}_1 - \dot{x}_2) - K_1(x_1 - x_2) \\ \quad = -m_2\ddot{x}_g - \mathrm{sgn}(x_1)\mu_1 m_1 g \\ m_3\ddot{x}_3 + C_3\dot{x}_3 + K_3 x_3 - K_2(x_2 - x_3) = -m_3\ddot{x}_g - \mathrm{sgn}(x_2)\mu_2(m_2 + m_3)g \end{cases} \quad (2.7)$$

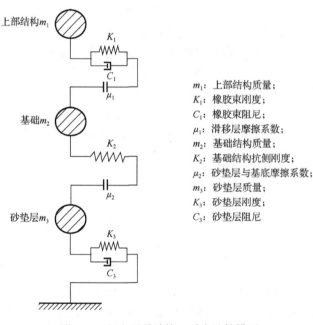

m_1：上部结构质量；
K_1：橡胶束刚度；
C_1：橡胶束阻尼；
μ_1：滑移层摩擦系数；
m_2：基础结构质量；
K_2：基础结构抗侧刚度；
μ_2：砂垫层与基底摩擦系数；
m_3：砂垫层质量；
K_3：砂垫层刚度；
C_3：砂垫层阻尼

图 2.10　复合隔震结构三质点计算模型

3. 砂垫层-基础滑移复合隔震体系的隔震机理分析

复合隔震体系的隔震机理可由地震作用下的结构反应谱[76]（图 2.11）得到解释。传统抗震结构自振周期为 T_0，地震响应位于 A 点；基础滑移隔震结构自振周期为 T_1，地震响应位于 B 点。基础滑移隔震结构通过延长结构自振周期可以降低结构的加速度，但位移会随着自振周期增大而增大，而复合隔震结构（图中

C 点）因基底置换砂垫层，使结构阻尼进一步增大（砂垫层阻尼为基岩的数倍），相对基础滑移隔震结构，其加速度和位移都得到一定程度的降低，而位移降低更为明显。

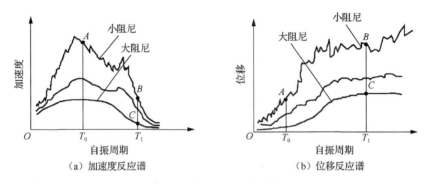

图 2.11　地震作用下的结构反应谱

2.2.4　复合隔震体系的关键问题

本书提出的复合隔震体系预期的工作目标为在大震作用下，砂垫层和基础滑移层共同形成串联复合隔震体系。砂垫层仅依靠垫层内部的塑性变形和阻尼实现耗能，基底不能出现滑移；基础滑移层则通过滑动摩擦耗能并采取橡胶束进行限位，确保结构在消能减震的同时滑移位移可控。为实现上述目标，应在分析复合隔震体系动力特征影响因素的前提下，进行相关元件参数的合理设计。

从简化的三质点体系可见，复合隔震体系动力响应特征受各质点质量比值、各质点间界面摩擦系数，以及各质点的阻尼、刚度等因素影响。基于一到两层的村镇建筑，对于橡胶束限位装置，以及满足承载力和抗冻胀需求的砂垫层而言，各质点质量、砂垫层和橡胶束的刚度与阻尼取值可以确定，故须确定的参数主要为界面摩擦系数。

为获得合理的基底和滑移层摩擦系数取值范围，以指导后续的试验研究和数值模拟工作，本书采用 Opensees 软件对复合隔震结构三质点简化模型和基础滑移隔震结构模型进行 El-Centro 地震波输入下（8 度大震）的弹性时程对比分析，主要探讨复合隔震体系和基础滑移隔震体系动力响应特征的差异，以及复合隔震体系随滑移层摩擦系数取值的变化规律。

为简化计算过程，取单位宽度 1m 的结构进行计算，原型结构按照典型村镇建筑建造方法，考虑两层建筑，如图 2.12 所示。基础为 500mm 宽毛石混凝土基础，基础抗侧刚度 $K_2 = Etb/(3h_1)$（其中，E 为基础材料弹性模量，t 为基础厚度，b 为基础宽度，h_1 为基础高度）；砂垫层为厚度 500mm、宽度 1100mm 的密实粗砂，砂垫层刚度按 $K_3 = GA/h_2$（其中，GA 为砂垫层抗剪刚度，h_2 为砂垫层高度）计算,阻尼 C_3 按瑞利阻尼确定,其阻尼比 ζ 依据文献[77]考虑砂土剪切变形为 0.0005 时取为 0.08;橡胶束参数根据第 3 章研究结果确定,具体模型参数及设定工况如表 2.1 所示。由模型计算得出的上部结构地震反应结果如图 2.13 所示。

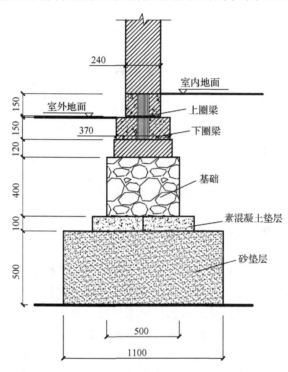

图 2.12　计算模型原型结构

表 2.1　模型参数及计算工况

工况编号及说明*	m_1/kg	K_1/（N/m）	C_1/（N·s/m）	μ_1	m_2/kg	K_2/（N/m）	μ_2	m_3/kg	K_3/（N/m）	C_3/（N·s/m）
S1 复合（两层）	5431.5	300000	693529	0.4	638.75	1.06×10^{10}	0.6	990	1.58×10^{8}	277411
S2 复合（两层）	5431.5	300000	693529	0.6	638.75	1.06×10^{10}	0.6	990	1.58×10^{8}	277411
S3 复合（两层）	5431.5	300000	693529	0.8	638.75	1.06×10^{10}	0.6	990	1.58×10^{8}	277411
S4 滑移（两层）	5431.5	300000	5206948	0.4	638.75	1.06×10^{10}	1.0	1540	1.58×10^{8}	390521
S5 滑移（两层）	5431.5	300000	5206948	0.6	638.75	1.06×10^{10}	1.0	1540	1.58×10^{8}	390521
S6 滑移（两层）	5431.5	300000	5206948	0.8	638.75	1.06×10^{10}	1.0	1540	1.58×10^{8}	390521

* 此列"复合"表示复合隔震体系,"滑移"表示基础滑移隔震体系。

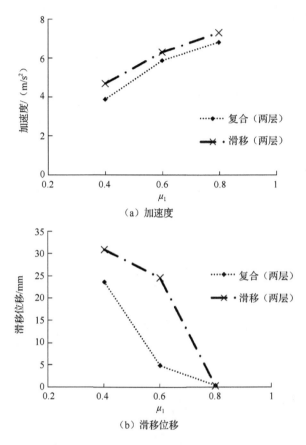

（a）加速度

（b）滑移位移

图 2.13　上部结构地震反应结果

对低层砂垫层-基础滑移村镇复合隔震建筑而言，可以得出以下结论：①复合隔震结构在基础与砂垫层之间几乎不产生滑动（所有工况基底位移均为 0mm），则该体系的消能减震机理主要表现为基底砂垫层的阻尼耗能和上部结构与基础间的滑移隔震耗能，且 μ_1（滑移层摩擦系数）越小隔震效果越好，但同时位移越大；②复合隔震结构与基础滑移隔震结构相比，上部结构 m_1 的加速度略有降低，但滑移位移明显减小，与反应谱理论分析结果一致；③当基础滑移层摩擦系数取值为0.8，大于基底摩擦系数时，复合隔震结构的上部结构滑移位移为 0mm，上部结构加速度略小于滑移隔震结构，表明此时复合隔震结构主要依赖于基底砂垫层的隔震消能。

综上所述，对于低层村镇建筑，上部结构与基础质量比为定值，由于砂垫层的材料组成须满足抗冻胀和承载力要求，其摩擦系数、刚度和阻尼也基本确定，复合隔震体系的关键技术难题是解决好基础滑移层的配方，应能实现上部结构"小震不坏、中大震启滑"的工作目标。滑移层摩擦系数取值对复合隔震体系的消能减震效果和上部结构滑移量有重要影响,应在基于预期隔震率的前提下,根据不同抗震设防烈度分区以及限位装置的极限变形能力确定。为此,后续研究有针对性地提出不同的滑移层配方,分别进行相关材性试验和构件层面墙体滑移耗能性能验证,以及结构层面的振动台试验和弹塑性时程分析,进一步验证其动力响应特征并确定摩擦系数的合理取值范围,并以此为基础,提出体系的设计方法及细部构造措施。

第3章 村镇建筑复合隔震体系
抗震性能试验研究

村镇建筑复合隔震体系主要由基础滑移隔震层、限位装置及基底砂垫层等组成，其抗震性能与基础滑移隔震层、限位装置和基底砂垫层的基本力学性能及其组合密切相关。复合隔震体系工作原理、工作目标、破坏形态及各项抗震性能指标需通过试验进行验证。本章主要针对复合隔震体系，从材料、构件、结构三个层面进行静力和动力试验，确定基础滑移隔震层合理配比及限位装置的极限承载力和变形，验证墙体构件及结构的工作原理和目标达成度，并对隔震体系的隔震性能进行综合评价。

3.1 材料性能及隔震层配方试验研究

砂垫层-基础滑移复合隔震体系涉及基础滑移隔震层、限位装置、砂垫层等隔震部件，是体系能够实现预期工作目标的前提条件。本节主要研究各部件的基本材料性能及其构造，为后期复合隔震体系构件及结构层面的抗震性能研究提供基础条件。

3.1.1 基础滑移隔震层构造研究

在确保滑移层满足必要的抗压强度前提下，探索其在低层房屋竖向压应力作用下的水平抗剪能力及滑移性能，提出不同地震烈度下的基础滑移隔震层配方的确定方法。

基础滑移隔震层位于上、下层基础圈梁之间，其预期工作目标是"小震不坏，中大震启滑"。针对上述目标提出4种滑移层构造方案，即掺入滑石粉的改性砂浆、掺入石墨粉的改性砂浆、铺设钢珠的滑石粉改性砂浆，以及干铺石墨粉、外围勾缝密封。对将改性砂浆作为滑移隔震层的方案，先后依次进行抗压试验、在竖向压力作用下的压剪试验（即抗剪试验），以及基础滑移隔震层开裂后的摩擦系数试验；对干铺石墨粉的方案，由于不存在开裂，只需进行摩擦系数试验。

1. 滑移隔震层抗压试验

1）试验设计

滑移隔震层的抗压试验主要目的是验证滑移层在相应竖向压力作用下的抗压能力，保证滑移层不至于在静力荷载下出现损坏。配方以普通水泥砂浆作为主要基础材料，选取摩擦系数较小的滑石粉及石墨粉作为改性材料（考虑到钢珠材质坚硬，未对掺入钢珠的方案进行此试验）。选取砂浆标号为 M2.5、M5.0、M7.5 的普通水泥砂浆，以滑石粉及石墨粉掺量 2.5%为基础掺量，掺量梯度为 2.5%，选择 7 个梯度，共 39 种工况，工况设计如表 3.1 所示。

表 3.1　滑移隔震层配方工况设计表

编号	砂浆标号	掺料	掺量/%						
1	M2.5		0.0	2.5	5.0	7.5	10.0	12.5	15.0
2	M5.0	石墨粉	0.0	2.5	5.0	7.5	10.0	12.5	15.0
3	M7.5		0.0	2.5	5.0	7.5	10.0	12.5	15.0
4	M2.5		—	2.5	5.0	7.5	10.0	12.5	15.0
5	M5.0	滑石粉	—	2.5	5.0	7.5	10.0	12.5	15.0
6	M7.5		—	2.5	5.0	7.5	10.0	12.5	15.0

试件选用砂浆抗压标准试件，尺寸为 70.7mm×70.7mm×70.7mm，每组 3 个试件。需要说明的是，在改性砂浆拌和时水量无法确定，因此以稠度为指标，用以确定基础滑移隔震层所使用改性砂浆配比中的水量，M2.5、M5.0、M7.5 改性砂浆稠度控制分别为 80mm、75mm、70mm。

2）试验过程

试件制作完成（图 3.1）自然养护 28d 后，进行改性砂浆抗压强度试验（图 3.2）。试验设备选用 30t 万能试验机，加载制度为位移加载，加载速率为 1mm/min。加载过程为：将试件置于万能试验机底座上，使试件中线与底座中线重合，将作用横梁下降至加载头底面与试件顶面贴合后，压力数值归零，进行加载，直到压力曲线出现下降段，即试件丧失承载能力，结束试验。

3）试验结果

试验破坏形态如图 3.3 所示，掺入滑石粉和石墨试件的破坏形态与无掺料的基本相同，不同配比下的抗压强度变化规律如图 3.4 所示。

（a）掺入滑石粉试件

（b）掺入石墨粉试件

图 3.1　砂浆试件

（a）试验设备

（b）试件加载

图 3.2　砂浆抗压强度试验

（a）无掺料试件

（b）掺入滑石粉试件

（c）掺入石墨粉试件

图 3.3　砂浆试件破坏形态

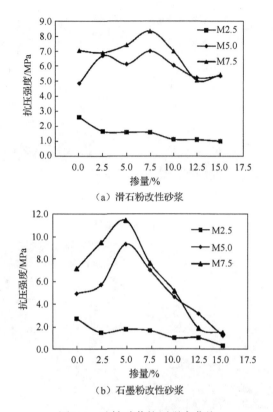

（a）滑石粉改性砂浆

（b）石墨粉改性砂浆

图 3.4　改性砂浆抗压强度曲线

由图 3.4 可得出以下规律。①在稠度相同的条件下，M2.5 的普通砂浆在掺入滑石粉或石墨粉后，随着掺量的增大，抗压强度不断降低，但降低幅度较慢；M5.0 的普通砂浆在掺入滑石粉后，随掺量增大，抗压强度呈现波动变化，而掺入石墨粉后，随掺量增大，抗压强度先提高后降低；M7.5 的普通砂浆在掺入滑石粉或石墨粉后，随掺量增大，抗压强度皆先提高后降低。②当滑石粉掺量为 7.5%、石墨粉掺量为 5.0%时，三种标号砂浆抗压强度达到最大值。

综上，由于低层房屋砌筑砂浆标号不低于 M5.0，考虑到基础滑移隔震层为预设薄弱层，其抗压强度在满足竖向承载力的情况下应尽量选取标号较低的改性砂浆。从研究结果来看，M2.5 的改性砂浆即可满足一层或两层房屋的抗压要求。因此，从抗压角度而言，可选择 M2.5 的改性砂浆作为基础滑移隔震层，滑石粉或石墨粉掺量不宜高于 7.5%。

2. 滑移隔震层压剪试验

基础滑移隔震层压剪试验主要针对采用低标号改性砂浆的配方进行，旨在研究其采用的改性砂浆在低层房屋竖向压应力作用下的水平抗剪性能，应能保证在多遇地震作用下滑移层不开裂，在设防地震或罕遇地震作用下能够成为结构薄弱部位实现贯通开裂，以便上部结构能够在该部位产生滑动。根据试验结果，可以得出不同烈度区能够实现"小震不坏，中大震启滑"要求的配方。

1）试验设计

基础滑移隔震层压剪试件由两个尺寸为 300mm×150mm×150mm、标号为 C20的素混凝土块，中间铺设一层厚度为 10mm 的改性砂浆层共同组成。试验工况共39 种，如表 3.2 所示。

表 3.2　压剪试验工况设计

编号	试件尺寸	砂浆层厚度/mm	竖向压应力/MPa	砂浆标号	掺料	掺量/%
1	310mm×300mm×150mm	10	0.2	M2.5	滑石粉	0.0
2						2.5
3						5.0
4						7.5
5						10.0
6						12.5
7						15.0
8	310mm×300mm×150mm	10	0.2	M5.0	滑石粉	0.0
9						2.5
10						5.0
11						7.5
12						10.0
13						12.5
14						15.0
15	310mm×300mm×150mm	10	0.2	M7.5	滑石粉	0.0
16						2.5
17						5.0
18						7.5
19						10.0
20						12.5
21						15.0
22	310mm×300mm×150mm	10	0.2	M2.5	石墨粉	2.5
23						5.0
24						7.5
25						10.0
26						12.5
27						15.0

续表

编号	试件尺寸	砂浆层厚度/mm	竖向压应力/MPa	砂浆标号	掺料	掺量/%
28						2.5
29						5.0
30	310mm×300mm×150mm	10	0.2	M5.0	石墨粉	7.5
31						10.0
32						12.5
33						15.0
34						2.5
35						5.0
36	310mm×300mm×150mm	10	0.2	M7.5	石墨粉	7.5
37						10.0
38						12.5
39						15.0

2）试验过程

基础滑移隔震层压剪试验在石河子大学结构实验室完成。基础滑移隔震层压剪试验装置采用笔者及科研团队自行设计的压剪箱[78]（图 3.5），采用 20t 力传感器、20t 液压千斤顶实现水平加载，竖向荷载加载用 500t 压力机实现。试件砌筑、养护完成后（图 3.6），将试件放入压剪箱内，压力机加载竖向荷载 0.2MPa（假定两层房屋），手动加载水平荷载，直到基础滑移隔震层发生破坏结束试验，加载过程如图 3.7 和图 3.8 所示。

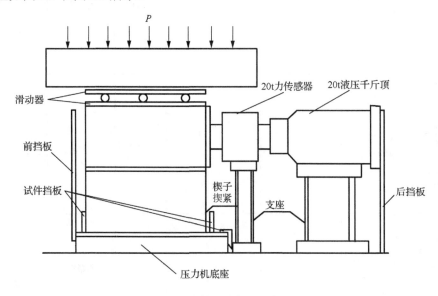

图 3.5　压剪试验装置示意图

图 3.6　压剪试验试件

图 3.7　竖向荷载加载

图 3.8　水平荷载加载

3）试验结果

不论石墨还是滑石粉试件，绝大部分试件破坏形态基本一致（图 3.9），即沿改性砂浆隔震层上表面发生开裂破坏，开裂破坏面较为平整。用手触摸开裂破坏面可以发现，相同砂浆标号情况下，滑石粉和石墨粉的掺量越大，表面触感越光滑；相同滑石粉和石墨粉掺量的条件下，砂浆标号越高，其表面触感越粗糙。通过基础滑移隔震层压剪试验，可得到不同工况下的基础滑移隔震层抗剪强度及其变化规律，如图 3.10 所示。

（a）掺入滑石粉试件　　　　　　　　　　　　（b）掺入石墨粉试件

图 3.9　改性砂浆隔震层试件破坏形态

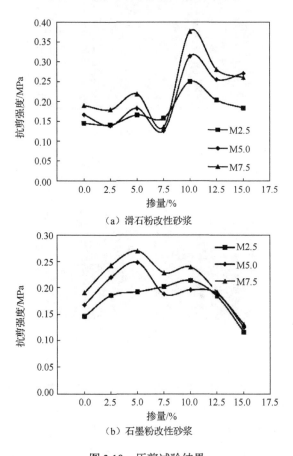

（a）滑石粉改性砂浆

（b）石墨粉改性砂浆

图 3.10　压剪试验结果

　　由图 3.10 可以得出以下规律：①不同标号的滑石粉改性砂浆，基础滑移隔震层的抗剪强度呈现波动变化，在掺量为 10%时抗剪强度达到最大值，掺量为 7.5%时抗剪强度达到极小值；②对掺入石墨粉配方，抗剪强度整体呈现先提高后下降的趋势，其中 M5.0 及 M7.5 的石墨粉改性砂浆在石墨粉掺量为 5.0%时抗剪强度达到最大值。

　　综上，在进行实际工程应用时，可根据不同地震烈度区小震或中、大震作用下上部结构的底部剪力来计算出某主轴方向墙体的水平剪切应力，从图 3.10 中可以查取相应的合理配方，以保证此配方改性砂浆的滑移层抗剪强度介于小震和中、大震水平剪切应力之间。

3. 滑移隔震层摩擦系数试验

　　基础圈梁间滑移层的滑动能力对隔震结构的消能减震效果和限位装置变形能力有重要影响，故应对不同滑移层材料组成下的摩擦系数进行测定。此次试验借鉴了曹万林教授提出的简化测定方法（试验装置如图 3.11 所示）进行摩擦系数试验。对采用改性砂浆的配方，旨在探索不同工况下各滑移隔震层在开裂后的摩擦系数，故在压剪试验的基础上，将压剪后带有滑移隔震层的一半试件留用作为滑移性能的试件，进行摩擦系数试验；对干铺石墨粉的方案直接进行试验，试验工况与滑移隔震层压剪试验的工况相同，共计 39 种。

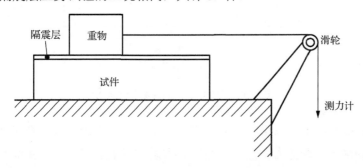

图 3.11　摩擦系数测定装置示意图

　　通过基础滑移隔震层摩擦系数试验，可得到 39 种工况下的摩擦系数及其变化规律，如图 3.12 所示。

　　由图 3.12 可得出掺入滑石粉或石墨粉的改性砂浆的摩擦系数变化规律：①对于掺入滑石粉的配方，随着掺量增大，摩擦系数曲线整体呈现先提高后波动下降的趋势，掺量为 2.5%时达到最大值；②对于掺入石墨粉的配方，随着掺量增大，摩擦系数曲线整体也呈现先提高后波动下降的趋势，掺量为 5.0%时，摩擦系数达到最大值。同理，采用上述试验方法可测定得到干铺石墨粉的摩擦系数为 0.38，钢珠改性砂浆层的摩擦系数为 0.42。

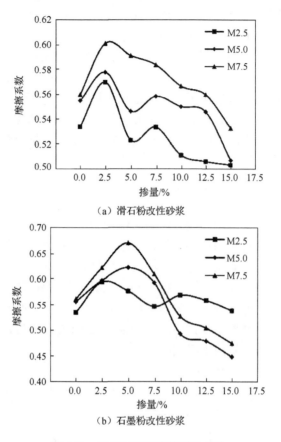

（a）滑石粉改性砂浆

（b）石墨粉改性砂浆

图 3.12　滑移隔震层摩擦系数曲线

综上，在实际工程应用时，可从图 3.12 中选择合理的配方，确保上部结构在滑移层处的最大静摩擦力介于小震与中、大震作用下上部结构的底部剪力之间。比较最大静摩擦力 F_μ（$F_\mu = \mu G$。其中，μ 为摩擦系数；G 为结构总重力荷载代表值）和底部地震剪力 F_{EK}（$F_{EK} = \alpha_1 G$。其中，α_1 为水平地震影响系数，砌体结构刚度大、周期短，取 $\alpha_1 = \alpha_{max}$，α_{max} 为相应于结构基本自振周期的水平地震影响系数最大值）之间的关系，对于低层村镇建筑而言，可粗略认为 $G \approx G_{eq}$（其中，G_{eq} 为结构等效总重力荷载代表值），则可以转变为摩擦系数 μ 和不同地震作用水准的水平地震影响系数最大值 α_{max} 的关系，即滑移层摩擦系数应大于小震时的水平地震影响系数最大值，小于中、大震的水平地震影响系数最大值。表 3.3 给出了高烈度区摩擦系数的取值范围。

表 3.3　高烈度区摩擦系数取值范围

设防烈度*	水平地震影响系数最大值 α_{max}			摩擦系数取值范围	
	小震	中震	大震	中震启滑	大震启滑
7 度（0.10 g）	0.08	0.23	0.5	0.1～0.2	0.3～0.4
7 度（0.15 g）	0.12	0.34	0.72	0.2～0.3	0.4～0.7
8 度（0.20 g）	0.16	0.45	0.9	0.2～0.4	0.5～0.8
8 度（0.30 g）	0.24	0.68	1.2	0.3～0.6	0.7～1.1

* 括号内数值为设计基本地震加速度。

4. 滑移隔震层合理配方的确定

根据滑移层抗压试验、压剪试验和摩擦系数试验结果，可得出滑移隔震层配方确定的基本条件为：①选择低标号改性砂浆作为滑移隔震层时，应保证滑移层砂浆标号至少低于砌筑砂浆一个强度等级，可优先考虑 M2.5 的配方；②低标号改性砂浆的开裂工作条件为滑移层处砂浆的抗剪强度应介于小震与中、大震作用下上部结构底部水平剪应力之间；③滑移层滑动工作条件为接触面最大静摩擦力应小于中、大震作用下结构的底部水平剪力，可简化为摩擦系数与不同地震水准水平地震影响系数的关系比较；④当干铺低摩擦系数材料方案应用于烈度较高的地区或期望获得较好的隔震效果时，小震带来的水平剪力可能会大于结构的最大静摩擦力，为避免小震时出现滑移，可以设置启滑限位控制装置。

启滑限位控制装置是一种在限位橡胶束外包裹薄壁素混凝土或砂浆脆性抗剪盒来实现启滑控制的装置，根据不同烈度区对启滑力的需求来计算所需限位盒的数量、强度及壁厚[79]。启滑限位盒构造如图 3.13 所示。

捆绑橡胶束　　　　脆性抗剪盒　　　　启滑限位盒

图 3.13　启滑限位盒构造

对于工程应用时，可根据不同烈度区村镇建筑的实际户型，计算出相应的底部剪力和沿主轴方向墙体的水平剪应力值，按照上述基本条件确定相应的滑移层配方。针对后续构件及结构层面试验，为获取较好的消能隔震效果，选定滑石粉掺量为 5.0% 的 M2.5 改性砂浆、铺设钢珠及滑石粉掺量为 5.0% 的 M2.5 砂浆，以及干铺石墨粉、外围勾缝密封等 3 种方案进行后续的低周往复加载试验和振动台试验研究。

3.1.2 限位装置研究

橡胶因其超弹性的材料性能在隔震技术中应用较为广泛，复合隔震技术中所使用的限位装置便是以橡胶为主要材料，通过叠层捆绑而成，称之为捆绑橡胶束限位装置。捆绑橡胶束作为限位装置，其极限变形及极限抗剪承载力便成为关键性考量指标。因此，本小节主要针对捆绑橡胶束限位装置的极限变形及极限抗剪承载力进行研究，考量其在不同捆绑方式、工作环境下的工作性能。

1. 试验方案

试件选用厚度为 10mm 的橡胶切割、叠加，并由 14#铁丝捆绑而成，尺寸为长×宽×高=310mm×150mm×80mm。试验为单面剪切试验（图 3.14）。装置为自行设计的单面剪切装置（图 3.15），在上、下剪切件中间各自开洞，尺寸为 160mm×90mm，利用两个套箍将上、下剪切件组合，将捆绑橡胶束穿过两个孔洞，利用压力机向下加载，压力机自动采集力及位移数据，实验室设备采用 30t 电子万能试验机，试验得到剪力-位移曲线。工况主要考虑不同捆绑方式（3 道箍筋和 5 道箍筋）、不同工作环境（常温和负温，负温采取在冬季室外静置实现，实测温度为-20℃）以及不同取材（橡胶和轮胎）。具体工况如表 3.4 所示。

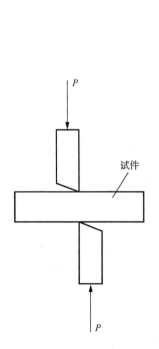

图 3.14　单面剪切原理

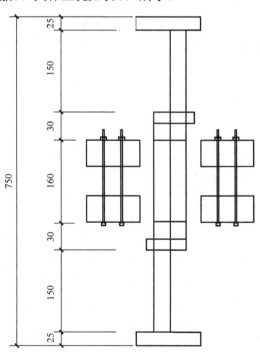

图 3.15　捆绑橡胶束剪切试验装置图

表 3.4　捆绑橡胶束剪切试验工况表

工况编号	尺寸（长×宽×厚）	试件取材	铁丝箍筋道数/道	工作条件	造价/元	结果	
目标一：箍筋道数确定							
1	310mm×150mm×80mm	橡胶片	2	常温	50	抗剪刚度	剪力-位移曲线
2	310mm×150mm×80mm	橡胶片	3	常温	50	抗剪刚度	
3	310mm×150mm×80mm	橡胶片	5	常温	50	抗剪刚度	
目标二：不同工艺比较							
4	310mm×150mm×80mm	橡胶片	待定	常温	50	抗剪刚度	剪力-位移曲线
5	310mm×150mm×80mm	轮胎片	待定	常温	20	抗剪刚度	
目标三：工作环境影响							
6	310mm×150mm×80mm	橡胶片	待定	常温	50	抗剪刚度	剪力-位移曲线
7	310mm×150mm×80mm	橡胶片	待定	-20	50	抗剪刚度	

注：试验顺序为先进行目标一试验，得出合理箍筋道数，然后进行目标二和目标三的试验。

2. 试验结果

捆绑橡胶束限位装置的剪切试验在试件制作完成后，将其安装在剪切装置上，并利用万能试验机进行加载，如图 3.16 所示。通过捆绑橡胶束限位装置的剪切试验，可得到不同工况下的剪力-位移曲线，如图 3.17 所示。由图 3.17 可得到以下规律。

图 3.16　试验加载

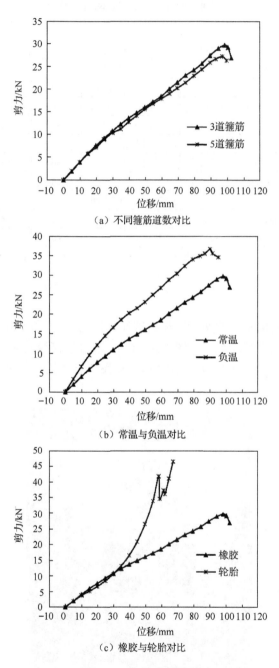

（a）不同箍筋道数对比

（b）常温与负温对比

（c）橡胶与轮胎对比

图 3.17　剪力-位移曲线

（1）箍筋的道数对于橡胶束的极限变形及极限抗剪承载力并无明显的影响。捆绑橡胶束限位装置的极限变形均为 100mm 左右，其极限抗剪承载力约为 30kN，由此可见，箍筋对于捆绑橡胶束限位装置仅起到约束固定的作用，其抗剪承载力主要与受剪面积有关。由于 2 道箍筋对于捆绑橡胶束限位装置的约束固定作用不明显，无法实现对橡胶束的均匀约束，而 5 道箍筋用量过多，故后续静力及振动台试验拟采用 3 道箍筋。

（2）在负温作用下，捆绑橡胶束限位装置的极限抗剪承载力有所增加，同时其极限变形略微减小，不影响其在复合隔震技术中的使用。

（3）对于不同取材的捆绑橡胶束限位装置，由于废旧轮胎内含有钢绞丝，其抗剪承载力相比普通的割片捆绑橡胶束限位装置有明显的提高。在加载过程中，废旧轮胎捆绑橡胶束限位装置始终处于弹性状态，其抗剪性能的优越程度显而易见，并且其属于废物再利用。但由于废旧轮胎使用时间的不确定，造成磨损程度不一，因此其抗剪承载力及极限变形离散性较大，其实际应用性尚存在一定的缺陷。

3.1.3　砂垫层构造研究

砂隔震垫层需同时满足静载作用下地基承载力、变形及稳定性的要求，同时还要能更好地发挥隔震作用。

从满足静载承载力的角度而言，依据《建筑地基处理技术规范》（JG J79—2012）[80]的要求，本研究选材及布置条件包括以下几点。①砂石垫层宜选用碎石、卵石、角砾、圆砾、砾砂、粗砂、中砂或石屑，并应级配良好，不含植物残体、垃圾等杂质。②当使用粉细砂或石粉时，应掺入不少于总质量 30%的碎石或卵石。③砂石的最大粒径不宜大于 50mm。④换填垫层的承载力宜通过现场静载荷试验确定；经换填处理后的地基，由于理论计算方法尚不够完善，或由于较难选取有代表性的计算参数，而难以通过计算准确确定地基承载力，经换填垫层处理的地基承载力宜通过试验尤其是通过现场原位试验确定。对于设计等级为丙级的建筑物及一般的小型、轻型或对沉降要求不高的工程，在无试验资料或经验时，当施工达到规范要求的压实标准（$\lambda_c \geqslant 0.94$）后，可以参考规范所列垫层的承载力表取用，一般承载力标准值 f_k 为 150～200kPa[81]。⑤垫层的厚度根据需置换软弱土（层）的深度或下卧土层的承载力确定。⑥确定垫层宽度时，除应满足应力扩散的要求外，还应考虑侧面土的强度条件，保证垫层应有足够的宽度，防止垫层材料向侧边挤出而增大垫层竖向变形量。

在满足隔震需求方面，根据第 1 章介绍的研究现状综述可见，砂垫层密实度越小减震效果越好，粒径级配越单一隔震效果越好，且较大粒径的砂粒之间黏聚力较差，能获得更为理想的隔震效果。赵少伟等[82]的研究表明，采用 5～10mm 粒径的砂石垫层隔震效果良好。

综上所述，复合隔震体系中砂垫层应满足以下几点要求：①砂垫层的厚度及宽度须按照地基承载力及基底应力扩散要求确定，对于换填土仅考虑冻土影响时，结合低层房屋的建造特点，可考虑取 300～500mm 厚；②砂垫层的粒径组成优先采用 5～10mm 的圆砾，按规范要求进行分层压实，压实系数不小于 0.94，一般可得承载力标准值 f_k 为 150～200kPa，可同时满足低层房屋地基承载力和隔震的双重要求。

3.1.4　材料离散性控制对策

砂垫层-基础滑移复合隔震体系中涉及的关键部件为低摩擦系数的滑移隔震层、捆绑制作的限位橡胶束，以及基底铺设的砂垫层。相关部件材料均可就地取材，可以由村镇施工队伍或农户自行制作和安装，但其材料性能受制作工艺的影响存在一定的离散性，在实际应用中应采取以下措施减少材料离散性的影响。

1）滑移隔震层配制

基础滑移隔震层的离散性主要受材料配比、拌制均匀性，以及滑移层厚度的影响。对于改性低标号砂浆，应优先选择水洗中砂，通过晾晒降低水洗砂含水率，并对其进行 5mm 过筛；在砂浆拌和过程中的称量精度，水泥及滑石粉控制为±0.5%，砂控制为±1%；为尽量使砂浆拌和均匀，应先进行干料预拌，后加水拌和时间不少于180s；对掺入钢珠的配方，应注意控制其在砂浆面的铺设均匀度，以免造成摩擦系数的离散性增大；对于滑移隔震层厚度按砌筑砂浆厚度 10mm 取值，精度控制为±2mm。

2）限位橡胶束制作

限位橡胶束制作的离散性主要受橡胶片的尺寸误差、套箍尺寸误差，以及橡胶束紧固程度的影响。限位橡胶束整体由多个层状橡胶片叠合并通过铁丝制作的一边开口的矩形套箍绑扎而成，层状橡胶片应优先选择 10mm 厚工业橡胶片，平面长宽尺寸误差控制为±1mm；矩形套箍宜由同人同具制作，内边尺寸为长×宽=150mm×80mm，尺寸误差控制为±1mm；橡胶束在捆绑过程中，套箍端头的紧固程度对橡胶束整体抗剪性能有一定影响，根据试验经验，当叠合橡胶片整体不松动，任一橡胶片无法从整体抽离，则认为紧固程度良好。

3）砂垫层铺设

砂垫层的离散性主要受粒径组成和密实度影响，主要控制方法为：对圆砾砂进行 10mm 及 5mm 两次过筛处理，砂垫层厚度误差控制为±5mm，砂垫层的密实度控制可选用手扶式平板夯对砂垫层进行密实处理，亦可选择人工夯锤，砂垫层每 250mm 厚夯实一次。

3.1.5　隔震部件研究结论

本节主要研究复合隔震中所涉及的各个隔震部件的工作性能，包括滑移隔震层构造、捆绑橡胶束限位装置抗剪性能以及基底砂垫层构造等，为后续进一步研究墙片及结构整体抗震性能提供基础知识。主要结论如下。

（1）针对改性砂浆滑移隔震层，研究普通水泥砂浆在滑石粉、石墨粉、钢珠改性后的抗压、压剪及滑移性能，选择低标号改性砂浆作为滑移隔震层时，应保证滑移层砂浆标号至少低于砌筑砂浆一个强度等级，可优先考虑 M2.5 的配方；低标号改性砂浆的开裂工作条件为滑移层处砂浆的抗剪强度应介于小震和中、大震作用下上部结构底部水平剪应力之间；滑移层滑动工作条件为接触面最大静摩擦力应小于中、大震作用下结构的底部水平剪力。

（2）针对捆绑橡胶束限位装置，通过剪切试验，研究其抗剪性能及变形能力。结果表明：捆绑橡胶束的抗剪承载力约为 30kN，极限变形约为 100mm，在低温条件下仍保持较好的工作性能。

（3）针对基底砂垫层，根据静载作用下的地基承载力、地基抗冻胀以及获取较好隔震效果等要求，砂砾垫层可取 300～500mm 厚、粒径为 5～10mm 的圆砾分层压实，压实系数不小于 0.94。

根据 3.1 节的试验结果，选定滑石粉掺量为 5% 的 M2.5 砂浆、铺设钢珠及滑石粉掺量为 5% 的 M2.5 砂浆，以及干铺石墨粉、外围勾缝密封等 3 种方案进行后续的低周往复加载试验，以进一步验证 3 种滑移层配方的实际滑移隔震效果。

3.2　隔震墙体抗震性能低周往复水平加载试验研究

为对比分析 3.1 节中材料性能研究所提出的 3 种不同配方滑移层在水平地震作用下的滑移性能，以及在构件层面对墙体抗震性能的改善能力，本节进行了滑移隔震层分别为滑石粉改性砂浆、钢珠-滑石粉改性砂浆、干铺石墨粉的 3 个隔震砌体墙体试件与 1 个无隔震措施的普通砌体墙体试件的低周往复加载试验，对比分析 4 类试件在往复水平荷载下的破坏特征、变形能力、耗能能力和刚度退化等抗震性能指标。

3.2.1　试件设计与试验方案

1. 试件制作

本试验所采用的低周往复加载试件，根据《建筑抗震试验规程》（JGJ/T 101—2015）[83]，采用缩尺比例为 1/2 的模型。共设计了 4 个砌体试件，分别代表 1 个无隔震措施的普通墙体（试件 CW1）、1 个滑石粉改性砂浆的隔震墙体（试件 SW1）、1 个钢珠-改性砂浆的隔震墙体（试件 SW2），以及 1 个平铺石墨粉的隔震墙体（试件 SW3）。3 个隔震墙体基础圈梁皆设置捆绑橡胶束限位装置。

无隔震措施的普通墙体试件几何尺寸如图 3.18（a）所示，其中墙体试件尺寸为长×高=2100mm×1300mm，墙厚 240mm，地梁（下圈梁）截面尺寸为宽×高=340mm×300mm，构造柱截面尺寸为 240mm×200mm，墙顶圈梁截面尺寸为240mm×200mm。3 个隔震墙体试件及地梁（下圈梁）尺寸同普通墙体，不同之处是在地梁上部增设上圈梁，截面尺寸为240mm×150mm，如图 3.18（b）所示。

地梁混凝土强度等级为 C30，圈梁、构造柱混凝土强度等级均为 C20。砖采用 MU10 烧结多孔砖，其几何尺寸为长×宽×高=240mm×115mm×90mm，墙体砌筑砂浆选用 M5.0 水泥砂浆。限位橡胶束尺寸为 150mm×80mm×310mm，如图 3.18（c）和（d）所示。地梁纵筋选φ22，墙顶圈梁、上圈梁及构造柱纵筋皆选用φ12，地梁箍筋为φ6@150，圈梁、构造柱箍筋皆选用φ6@200。

对于滑移隔震层，试件 SW1 选用标号为 M2.5、滑石粉掺量为 5%的改性砂浆；试件 SW2 选用钢珠-改性砂浆，其中钢珠直径为 5mm，改性砂浆标号为 M2.5，滑石粉掺量为 5%；试件 SW3 为干铺石墨粉、外围勾缝密封。

低周往复加载试验的砌体墙体试件在石河子大学结构实验室完成。

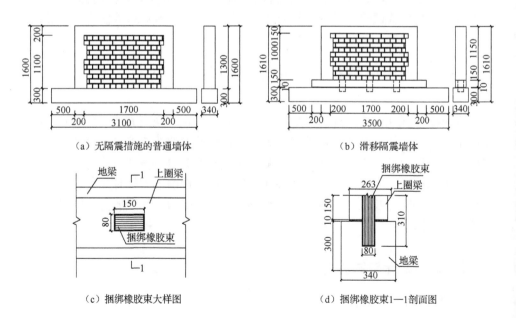

图 3.18 试验模型示意图

在普通墙体试件的地梁制作过程中，在其端部两侧对称设置吊钩，并按照墙体位置植入构造柱纵筋，地梁上表面进行打毛处理。地梁浇筑、养护完成后，进行墙体砌筑，砌筑时留马牙槎，并沿墙体高度每隔 500mm 在墙体两端设置拉结筋，灰缝宽度要求 10mm 左右，灰缝饱满度要求 80%以上。墙体砌筑完成后，养护 3d，进行构造柱及圈梁的支模与浇筑。试件整体完成后养护 28d。

对于隔震墙体试件，地梁制作与无滑移隔震措施普通砌体墙体试件类似，需设置吊钩，不同的是无须植入构造柱纵筋，在需要设置捆绑橡胶束限位装置的位置预留孔洞，其尺寸为长×宽×高=150mm×90mm×150mm，地梁上表面进行收光处理。上圈梁为整体预制，底面支模，确保滑移隔震上圈梁底面平滑，顶面进行打毛处理，浇筑时设置吊钩，植入构造柱纵筋，并预留捆绑橡胶束限位装置的预留孔洞。上圈梁浇筑、养护完成后，进行地梁与上圈梁的拼装。首先，将捆绑橡胶束限位装置安装于地梁预留孔洞中，并用沥青油膏进行封缝，随后铺设滑移隔震层，安装滑移隔震上圈梁，完成后养护 7d，进行上部墙体的砌筑，砌墙时沿墙高每隔 500mm 设置拉结筋，灰缝宽度要求 10mm 左右，灰缝饱满度要求 80%以上。砌墙完成后养护 3d，进行构造柱、圈梁的浇筑。试件整体完成后养护 28d，进行刷白。

隔震墙体的滑移隔震层铺设是试件制作的重点。试件 SW1 的铺设方法为：在捆绑橡胶束限位装置安装完成后，直接拌制滑石粉改性砂浆（标号为 M2.5 的水泥砂浆，滑石粉掺量为 5%）平铺于地梁上表面，随后进行滑移隔震上圈梁的安装，使橡胶束穿过滑移隔震上圈梁的预留孔洞，并进行压实，滑移隔震上圈梁对滑石粉改性砂浆隔震层进行挤压后，滑移隔震层的厚度约为 10mm。试件 SW2 的铺设方法为：在地梁上铺设一层厚度为 10mm 的改性砂浆（标号为 M2.5 的水泥砂浆，滑石粉掺量为 5%），抹平后，在改性砂浆表面上均匀铺撒直径为 5mm 的不锈钢珠，铺撒完成后将滑移隔震上圈梁坐落在钢珠上，并向下挤压，最终使钢珠压入改性砂浆内，形成钢珠-改性砂浆滑移隔震层。试件 SW3 的铺设方法为：在地梁上表面直接铺设石墨粉，并将滑移隔震上圈梁坐落其上，随后在滑移隔震层四周用防水砂浆进行封缝。试件制作过程如图 3.19 所示。

2. 材料性能

地梁混凝土强度等级选用 C30，混凝土立方体抗压强度平均值为 31.47MPa；上圈梁、墙顶圈梁、构造柱设计强度等级为 C20，其实测立方体抗压强度平均值为 21.7MPa；砌筑砂浆设计强度等级选用 M5.0 水泥砂浆，其实测砂浆立方体抗压强度平均值为 5.8MPa；滑移隔震层改性砂浆立方体抗压强度平均值为 1.6MPa。地梁、构造柱及圈梁配筋如图 3.20 所示。钢筋实测力学性能平均值如表 3.5 所示。

（a）地梁浇筑

（b）沥青油膏封缝

（c）滑石粉改性砂浆隔震层铺设

（d）钢珠-改性砂浆隔震层铺设

（e）石墨粉滑移层铺设

（f）安装上、下地圈梁

（g）墙体砌筑

（h）墙体刷白

图 3.19　试件制作过程

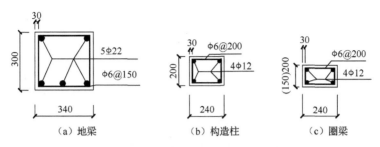

（a）地梁　　　　　　（b）构造柱　　　　　　（c）圈梁

注：（150）200、150 为隔震墙体的墙顶圈梁及上圈梁的高度，200 为普通墙体的墙顶圈梁高度。

图 3.20　地梁、构造柱及圈梁配筋图

表 3.5　钢筋力学性能

型号	钢筋直径/mm	f_y/MPa	f_u/MPa
HPB300	12	395.4	460.6
HPB300	6	361.3	421.7

注：f_y 为屈服强度，f_u 为抗拉强度。

3. 试验加载方案

墙体低周往复加载试验方案主要分为试验加载方案及试验测量方案。其所采用的加载装置如图 3.21 所示；加载制度如图 3.22 所示，采用位移加载制度；试验加载设备实际布置情况如图 3.23 所示。

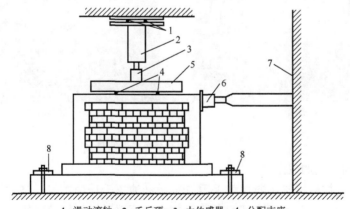

1. 滑动滚轴；2. 千斤顶；3. 力传感器；4. 分配支座；

5. 分配梁；6. 作动器；7. 反力墙；8. 压梁

图 3.21　加载装置示意图

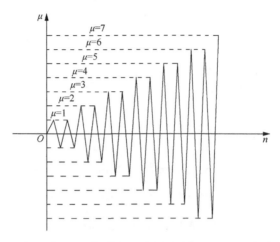

图 3.22 加载制度

（a）普通墙体

（b）隔震墙体

图 3.23 试验加载设备实际布置

1）竖向荷载加载方案

低周往复加载试验竖向加载采用 30t 手动油压千斤顶实现，竖向加载数值通过 30t 力传感器采集。由于研究的隔震技术主要用于低层村镇建筑，故试验中按两层砌体房屋考虑，根据经验取平均压应力为 0.2MPa[70]，通过与墙体试件的换算，墙体试件需加载竖向荷载 100.8kN。墙体试件竖向加载采用 4 分点 2 级加载，全部竖向荷载平均分配为 3 级加载，每一级持时 30s。在试验正式开始之前，先施加一个数值为 10kN 的力用于测试试验设备是否正常工作，经检查各试验设备均正常工作后，将荷载归零，开始正式试验加载。

2）水平荷载加载方案

墙体低周往复加载试验水平加载采用 MTS 液压伺服加载系统，选用 60t 作动器（量程为推 60t、拉 30t，位移为 ±250 mm）。

（1）普通墙体试件 CW1。

对于未设置滑移隔震措施的普通墙体试件，水平加载方案为：初期以 0.5mm 为位移增量加载至 5mm；其后以 1mm 为位移增量加载至 20mm；最后以 2mm 为位移增量加载至受荷下降到最大荷载的 85%，结束试验。每一级加载循环 2 次。

（2）隔震墙体试件。

对于隔震墙体试件 SW1、试件 SW2 和试件 SW3，采用相同的水平荷载加载方案：初期以 1mm 为位移增量加载至 10mm；其后以 2mm 为位移增量加载至20mm；最后以 4mm 为位移增量加载至 40mm，结束试验。每一级加载循环 2 次。

需要说明的是，墙体低周往复加载试验的主要目的是研究滑移隔震层的消能减震机理，验证橡胶束的限位复位作用。在 3.1 节中，已经对捆绑橡胶束限位装置的极限抗剪承载力及极限位移进行了研究，且已经得出结论。因此，在低周反复试验中不必持续加载到捆绑橡胶束发生破坏，当试验现象可以判断隔震墙体的滑移能力及橡胶束的限位复位作用，且试验设备反馈的滞回环变化规律趋于稳定时，可考虑结束试验。根据本次试验实际情况，综合判定最终加载位移为 40mm。

4. 试验测量方案

低周往复加载试验的数据采集系统采用 30 通道 TDS 数据采集系统及 60 通道3816 数据采集系统。低周往复加载试验的测量方案主要包括墙体位移测量、构造柱钢筋及拉结筋应变测量。

1）位移测量

对于未设置滑移隔震措施的普通墙体试件 CW1，位移测量位于墙体端部，沿墙高上、中两点测量，且在地梁顶端设置百分表，如图 3.24（a）所示。对于设有滑移隔震层的隔震墙体试件 SW1、试件 SW2 和试件 SW3，3 种试件位移测量方案相同，位移测量同样位于墙体端部，与普通墙体试件 CW1 相比，隔震墙体试件 SW1、试件 SW2 和试件 SW3 在滑移隔震上圈梁端部加设位移测点，如图 3.24（b）所示。

2）应变测量

由于普通墙体试件 CW1 与设有滑移隔震措施的隔震墙体试件 SW1、试件SW2 和试件 SW3 的上部墙体尺寸相同，故 4 种墙体试件的应变测量方案相同，皆为在两侧构造柱纵筋上沿纵筋高度各设置了上、中、下 3 个测点，由于考虑到构造柱底部应力较大，因此在构造柱底部增加了 1 个测点，即在构造柱纵筋上共设置了 4 个测点，如图 3.24（c）所示。在两侧墙体拉结筋处，分别在其两端及中部各设置了 3 个测点，如图 3.24（d）所示。

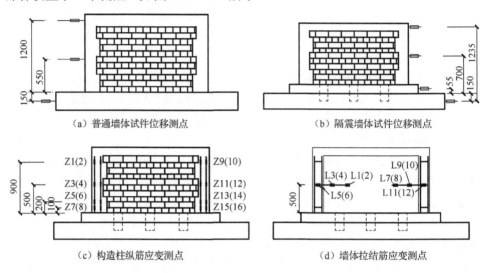

　（a）普通墙体试件位移测点　　　　　　　　　　（b）隔震墙体试件位移测点

　（c）构造柱纵筋应变测点　　　　　　　　　　　（d）墙体拉结筋应变测点

图 3.24　测点布置

3.2.2　破坏过程与钢筋应变分析

1. 试件破坏过程与形态

为便于描述试验现象，规定加载以推为正向，拉为负向。

1）普通墙体试件 CW1

普通墙体试件 CW1 的裂缝主要为沿砌体墙斜裂缝及构造柱水平裂缝。当加载至正向位移 4mm（对应荷载为 214kN）时，构造柱第一条裂缝出现，其位置在加载点一侧构造柱的柱底，裂缝形态为垂直于构造柱的水平裂缝。随着水平加载荷载的增大，加载位移为正向 5mm（对应荷载为 225kN）时，靠近加载点一侧墙体出现第一条斜裂缝。随后加载点远端墙体出现斜裂缝，伴随加载循环次数增多，位移及荷载相应增大，墙体斜裂缝不断扩展，并形成多条"X"形交叉裂缝。当加载至正向位移 7mm（对应荷载为 238kN）时，墙体达到极限荷载，之后墙体承载力下降。当加载至正向位移 10mm（对应荷载为 203kN）时，试件荷载下降到最大荷载的 85%，试验结束。试件 CW1 墙体破坏形态如图 3.25（a）所示。

2）滑石粉改性砂浆隔震墙体试件 SW1

对于设有滑石粉改性砂浆隔震层的墙体试件 SW1，其受力破坏过程可分为弹性阶段、开裂阶段和限位滑移阶段。

（a）试件 CW1

（b）试件 SW1、试件 SW2 和试件 SW3

（c）试件 SW1 隔震层

（d）试件 SW2 隔震层

（e）试件 SW3 隔震层

图 3.25　试件破坏形态

（1）弹性阶段。在改性砂浆滑移隔震层开裂之前，墙体试件依靠自身抗震，试件随着荷载的不断增加，其滞回环形状呈现为梭形，且在整个过程中墙体无开裂迹象。

（2）开裂阶段。加载至位移为 3mm 时（对应荷载为 92kN），试件开始出现水平裂缝，裂缝位置为靠近加载端的滑移隔震层上表面。随着加载步数的增加，滑移隔震层的水平裂缝逐渐开展、延伸，当加载位移达到 8mm 时（对应荷载为 122kN），滑移隔震层水平裂缝完全贯通，即试件 SW1 滑移隔震层的极限荷载为 122kN。在整个滑移隔震层开裂阶段，上部构件保持弹性，墙体无裂缝出现。

（3）限位滑移阶段。在滑移隔震层水平裂缝完全贯穿后，上部墙体连同上圈梁沿滑移隔震层上表面开始滑移，捆绑橡胶束限位装置逐渐发挥其限位作用。在整个过程中，随着滑移位移不断增大，墙体仍始终保持弹性状态，无开裂迹象，如图 3.25（b）所示。

试验完成后，将上圈梁连同上部墙体吊起，对改性砂浆滑移隔震层及捆绑橡胶束限位装置进行观察。观察发现，改性砂浆隔震层开裂表面光滑，表明在滑移过程中，随着滑动次数增加，隔震层摩擦系数应有所减小，如图 3.25（c）所示。捆绑橡胶束限位装置无破坏迹象，与安装时表观无明显差别。

3）钢珠-改性砂浆隔震墙体试件 SW2

对于设有钢珠-改性砂浆滑移隔震层的隔震墙体试件 SW2，其受力破坏过程亦分为弹性阶段、开裂阶段和限位滑移阶段。

（1）弹性阶段。试件 SW2 与试件 SW1 相同，当水平推力小于改性砂浆层抗剪承载力时，试件处在弹性阶段。试件随着荷载的不断增加，其滞回环形状呈现为梭形，墙体无开裂迹象。

（2）开裂阶段。试件 SW2 与试件 SW1 亦存在诸多相同或类似的情况。试件的水平裂缝亦出现在加载位移为 3mm 时，裂缝同样为靠近加载端的滑移隔震层上表面，对应的加载荷载为 48kN，相比 SW1 有所减小。随后，滑移隔震层的水平裂缝逐渐开展、延伸，在加载位移为 8mm 时，滑移隔震层水平裂缝完全贯通，此时相对应的荷载值为 76kN，即试件 SW2 滑移隔震层的极限荷载，较 SW1 的水平抗剪能力更弱，故更适于在烈度较低的区域应用。在整个墙体试验过程中，上部构件保持弹性，墙体无裂缝出现。

（3）限位滑移阶段。在滑移隔震层水平裂缝完全贯穿后，上部墙体连同上圈梁沿滑移隔震层上表面开始滑移，捆绑橡胶束限位装置逐渐发挥其限位作用。在整个限位滑移阶段，墙体仍始终保持弹性状态，无开裂迹象。

试验完成后，将滑移隔震上圈梁连同上部墙体吊起，对钢珠-改性砂浆滑移隔震层及捆绑橡胶束限位装置进行观察，可见到改性砂浆被钢珠往复滑移碾碎，钢珠有较为明显的滑移痕迹，这表明钢珠在试验过程中表现出了良好的滚动滑移能力，如图 3.25（d）所示。捆绑橡胶束限位装置无破坏迹象，与安装时表观无明显差别。

4）石墨粉隔震墙体试件 SW3

对于设有石墨粉滑移隔震层的隔震墙体试件 SW3，由于在加载过程中水平推力只需克服其最大静摩擦力即开始滑动，故其受力破坏过程可分为弹性阶段及限位滑移阶段。

（1）弹性阶段，与试件 SW1 和试件 SW2 在弹性阶段主要依靠改性砂浆与地梁及上圈梁的粘结力保证结构整体受力不同，试件 SW3 在弹性阶段主要依靠石墨粉与地梁及上圈梁的静摩擦力抵抗地震作用，其滞回环形状也呈现为梭形，且在整个弹性阶段，石墨粉滑移隔震层不出现滑移，墙体无开裂迹象。

（2）限位滑移阶段，当加载荷载大于石墨粉与地梁及上圈梁之间最大静摩擦力时，上圈梁连同上部墙体将沿滑移隔震层上表面开始滑动，此时加载点位移为 3mm，对应加载荷载为 42kN，外围勾缝砂浆被挤碎并向外侧脱落，捆绑橡胶束限位装置逐渐发挥其限位作用。随着加载循环次数的增加，石墨粉逐渐向滑移隔震上圈梁端部挤出。在整个过程中，墙体仍始终保持弹性状态，无开裂迹象。

试验完成后，对石墨粉滑移隔震层及捆绑橡胶束限位装置进行观察，可发现石墨粉表面较为平整、光滑,如图 3.25(e)所示。捆绑橡胶束限位装置无破坏迹象,与安装时表观无明显差别。

由上述试验过程及破坏现象可知,普通墙体试件破坏形态为典型的"X"裂缝形态,3 种滑移隔震墙体均表现出较好的滑移耗能能力,上部墙体保持弹性状态且无裂缝出现,但启滑荷载大小有所不同,其中石墨粉滑移隔震墙体 SW3 在 42kN 时就开始滑动,而采用改性砂浆粘结上下圈梁的滑石粉改性砂浆滑移隔震墙体 SW1 和钢珠-改性砂浆滑移隔震墙体 SW2 则分别在 122kN 和 76kN 时才实现滑移层的完全贯通。

该试验的工程意义在于,根据"小震不坏、中大震启滑"的隔震层设计需求,掺入石墨粉的隔震构造在高烈度区可能需要另外设置启滑控制装置,以控制其在小震的时候不至于滑动;而采用改性砂浆的两种构造方案可根据开裂荷载的大小分别适用于不同的烈度区。

2. 钢筋应变分析

未设置滑移隔震措施的普通墙体试件 CW1 与设有滑移隔震措施的隔震墙体试件 SW1、试件 SW2 和试件 SW3 的钢筋应变采集布点方案一致,均设置在构造柱纵筋沿高度的顶部、中部、下部,以及构造柱与墙体的拉结筋沿水平方向从构造柱位置开始的近端、中部和远端。表 3.6 给出了试验过程中采集的各测点应变最大值。

表 3.6 试件钢筋应变最大值 (单位:$\mu\varepsilon$)

试件	构造柱纵筋			墙体拉结筋		
	上部	中部	下部	近端	中部	远端
CW1	3841	1603	2900	526	641	1427
SW1	42	183	322	525	192	493
SW2	74	61	74	108	710	192
SW3	96	135	179	249	218	598

从表 3.6 中可以得出以下结论:

(1)隔震墙体的构造柱纵筋应变远小于普通墙体,纵筋处于弹性阶段;而普通墙体纵向钢筋应变最大值已超过屈服应变,表明普通墙体在低周往复荷载作用下构造柱已经进入钢筋屈服后的塑性破坏阶段。

(2)普通墙体与构造柱拉结筋应变值也大于隔震墙体,且远端位置已经十分接近屈服应变,在低周往复荷载作用下拉结筋受力明显,表明拉结筋保证构造柱与墙体协同工作的作用显著;对于隔震墙体而言,其应变值很小,表明在水平荷载作用下,构造柱和墙体间几乎保持同步滑动,拉结筋处于弹性工作状态。

3.2.3　滞回曲线与骨架曲线

通过低周往复加载试验对墙体抗震性能的评价主要建立在对试验破坏现象及试验数据的分析上。一般通过对试验数据的处理得到砌体墙体试件的滞回曲线、骨架曲线，用于考量墙体的滞回性能；绘制墙体试件的刚度退化曲线，用于考量墙体的刚度退化能力。

1. 滞回曲线

墙体试件在低周往复荷载作用下所得到的力与变形之间的关系曲线称之为滞回曲线。在滞回曲线中，墙体试件在低周往复荷载作用下的弹性及非弹性性质能够得以体现，同时，滞回曲线也为抗震性能各种指标的计算提供依据。滞回环的形状及大小也反映了试件的耗能能力以及试件的受力破坏机制。图 3.26 为 4 种墙体试件的滞回曲线。

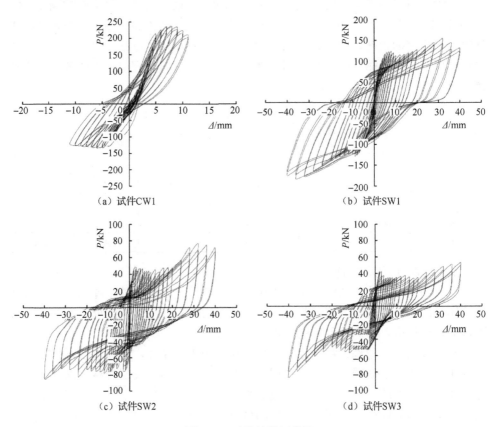

(a) 试件 CW1　　　　　　　　　　(b) 试件 SW1

(c) 试件 SW2　　　　　　　　　　(d) 试件 SW3

图 3.26　试件的滞回曲线

由图 3.26 可做以下几点分析：

（1）从整体曲线形状角度来看，普通墙体试件 CW1 的滞回环包络面积较小，且曲线之间的距离较小，曲线整体较密，并呈现为梭形。设有滑移层的隔震墙体试件 SW1、试件 SW2 和试件 SW3 滞回环较为饱满且包络面积较大，其曲线之间相对较为疏散，随加载增大，滞回环的加载段曲线趋于平缓，水平加载最终趋于稳定，滞回曲线由梭形逐渐转变为反"Z"形。由此可见，隔震墙体在试验过程中发生了较大程度的滑移，隔震墙体试件表现出较好的滑移减震耗能效果。

（2）普通墙体试件滞回曲线图形在水平推拉加载过程中不对称，其原因是加载过程中推力作用点处构造柱出现少量局部挤压裂缝，导致拉杆与试件结合面出现一定程度松动，故在试验"拉"的过程中，采集到的试验拉力出现一定程度降低。

（3）采用滑石粉改性砂浆和钢珠-改性砂浆作为滑移层的试件 SW1 和试件 SW2 两种隔震墙体的滑移隔震工作机理从滞回曲线来看基本一致，从加载初期至低标号砂浆层开裂前阶段，主要依靠改性砂浆与地梁及滑移隔震上圈梁之间的粘结力发挥作用，滞回环呈梭形，主要表现为普通墙片的受力变形特点；随着循环加载的步数不断增加，当加载位移达到 3mm 时进入开裂阶段，滞回环曲线斜率变缓，当砂浆滑移层完全开裂（试件 SW1 加载力为 122kN，试件 SW2 加载力为 76kN，位移均为 8mm）后，上圈梁连同墙体进入滑移阶段，可认为下一加载循环峰值荷载为隔震墙体的最大静摩擦力，从图 3.26 中可知试件 SW1 为 105kN，试件 SW2 为 42kN，表明试件 SW2 的滑移能力更好，原因是试件 SW2 的摩擦表现为钢珠滚动摩擦，其摩擦系数小于滑石粉砂浆的滑动摩擦；当加载位移为 10mm 时，橡胶束开始发挥限位作用，峰值荷载开始逐渐增长，曲线上扬，其原因是后期水平推力等于滑移层滑动摩擦力与橡胶束恢复力之和，随着加载循环的增加，橡胶束变形量增大，其所提供的恢复力相应增大；到试验的末期曲线峰值荷载略有下降，其原因是经过多次滑移后，试件 SW1 的开裂滑移面越来越光滑，SW2 钢珠外露较多基本进入滚动摩擦。进入滑移阶段后，滞回曲线由梭形逐渐转变为反"Z"形。

（4）采用石墨粉作为滑移层的隔震墙体试件 SW3，其隔震工作原理略有不同。在滑移层尚未开始工作之前，主要依靠石墨粉与地梁及滑移隔震上圈梁之间的静摩擦力发挥作用，滞回环亦呈梭形，当加载位移为 3mm 时，上圈梁连同墙片进入滑移阶段，其启滑荷载为 42kN，相比试件 SW1 和试件 SW2 更小；同试件 SW1 和试件 SW2 一样，后期橡胶束开始发挥限位作用，加载滞回环峰值有所增长，滞回曲线形态也表现为逐渐由梭形转变为反"Z"形。

（5）在滞回环的卸载过程中，限位橡胶束的复位功能得到体现，尤其是位移较大时更为显著。在滞回环的卸载段，当推力或拉力卸载到一定程度时，位移发生迅速回收，其原因是橡胶束的变形得到恢复，橡胶束恢复变形至恢复力与滑移面摩擦力平衡为止。

2. 骨架曲线及归一化的骨架曲线

将低周往复加载试验每一级加载循环的曲线最大峰值点连接起来所形成的曲线称之为骨架曲线，骨架曲线可全面反映出试件在低周往复加载作用下的承载力与变形之间的关系。为了方便比较，将墙体试件 CW1、试件 SW1、试件 SW2 和试件 SW3 的骨架曲线绘制到同一图中，如图 3.27 所示。

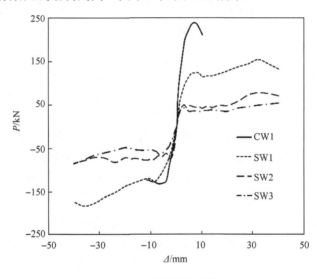

图 3.27　试件骨架曲线

从图 3.27 中可以得出以下结论。

（1）在加载初期，4 种墙体试件的骨架曲线基本处于重合状态，线型几乎呈现为直线，即荷载与位移间呈线性增长的关系，这说明试件依靠结构本身抗震，结构处于弹性状态。随后位移加载到 3mm 左右时，斜率开始出现略微差异，普通抗震墙体斜率最大，其次是滑石粉改性砂浆隔震墙体和钢珠-改性砂浆隔震墙体，最小的是石墨粉滑移隔震墙体，表明此时隔震墙体在滑移层位置开始开裂（试件 SW1 和试件 SW2）或滑动（试件 SW3），但开裂或滑动荷载不同，从图中观察石墨粉滑移隔震墙体的启滑荷载最小。

（2）试件 SW1、试件 SW2 和试件 SW3 在滑移隔震层启滑之后，骨架曲线出现了一段较长的平台段，墙体受荷不再增长或小幅增长，这表明滑移隔震层充分发挥了作用。从图中可以发现滑移性能的排序为石墨粉滑移隔震墙体最好，其次是钢珠-改性砂浆滑移隔震墙体，但两者比较接近，滑石粉改性砂浆隔震墙体滑动能力相对较弱。

（3）从峰值荷载角度而言，试件 CW1 为 238kN，试件 SW1 为 154kN，试件 SW2 为 84kN，试件 SW3 为 52kN，表明 3 种滑移层构造方案均能在一定程度上减小上部结构的地震作用，试件 SW1 减小 35.3%，试件 SW2 减小 64.7%，试件 SW3 减小 78.1%。对隔震墙体而言，其峰值荷载略大于启滑荷载，其原因是橡胶束在滑动过程中提供了一定程度的变形限位作用。在实际工程应用中可根据预期的隔震要求来选择方案。

受试验装置、材料特性不对称，以及在推拉加载过程中构件刚度退化先后不同等因素的影响，骨架曲线在两个加载方向有所不同，故需对骨架曲线进行平均化和归一化处理。平均化一般是将第一象限和第三象限在正反两个加载方向的骨架曲线画在第一象限中，将两条骨架曲线在同一位移处的荷载取平均值。归一化是进一步将骨架曲线无量纲化，以消除不同墙体试件之间材料强度不同引起的差异。在归一化曲线中，选取特征点（一般为极限荷载 P_u 及其相应位移 Δ_u）作为控制点，以 P/P_u 和 Δ/Δ_u 为纵、横坐标，将曲线形式的骨架曲线归一（折线）化[84]。

常见的砌体墙体选取骨架曲线的初始开裂、极限荷载和破坏 3 个状态的力和位移为特征点绘制归一化曲线。对于隔震墙体而言，在试验过程中墙体一直保持在弹性状态，加载环的峰值荷载随着橡胶束的受力不同而变，故隔震墙体在橡胶束被剪坏前没有极限荷载和破坏状态出现。根据前文对隔震墙体在加载过程中的表现，以及滞回曲线的特点分析，本节对其特征点分别确定为试件 SW1 和试件 SW2 包括初始开裂、启滑、加载结束 3 个特征点，试件 SW3 包括启滑和加载结束 2 个特征点。综上，得出试件的平均化骨架曲线和归一化骨架曲线如图 3.28 所示。

从图 3.28 中的平均化和归一化骨架曲线中可以更为清晰地观察到各个特征点的出现及变化趋势，概括如下。

（1）无隔震措施的普通墙体试件 CW1 开裂荷载大致为极限荷载的 85%左右，且没有明显的屈服平台，表明结构破坏脆性明显，且超过极限荷载后刚度迅速退化。进入破坏状态时位移仅为极限荷载时位移的 1.6 倍，表明普通固结墙体的塑性变形能力较差。

（2）对于采取隔震措施的试件 SW1、试件 SW2 和试件 SW3 而言，三者的归一化曲线形态大致相同，可分为滑移层开裂（启滑）前的弹性段和开裂（启滑）后的滑移平台段，结构刚度不退化，由于随着加载位移的增加，在界面摩擦力变化不大的情况下，橡胶束提供的恢复力比重加大，曲线略有抬升，表明 3 种隔震墙体均有较好的消能减震能力。

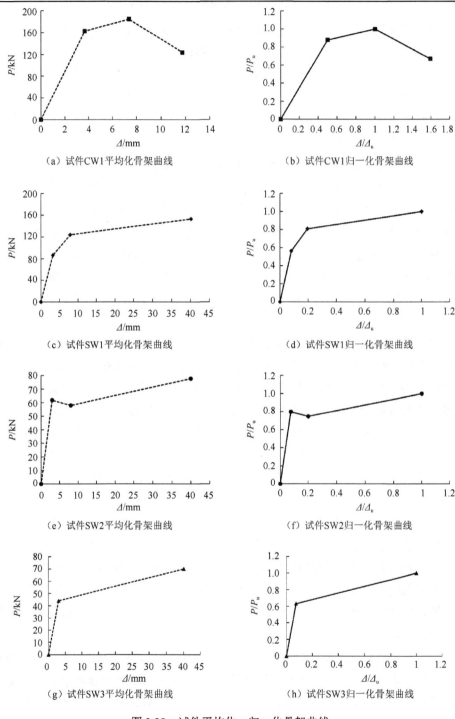

（a）试件CW1平均化骨架曲线　　　　　（b）试件CW1归一化骨架曲线

（c）试件SW1平均化骨架曲线　　　　　（d）试件SW1归一化骨架曲线

（e）试件SW2平均化骨架曲线　　　　　（f）试件SW2归一化骨架曲线

（g）试件SW3平均化骨架曲线　　　　　（h）试件SW3归一化骨架曲线

图 3.28　试件平均化、归一化骨架曲线

3.2.4　刚度退化性能与耗能能力分析

1. 刚度退化性能分析

试件的刚度可以用割线刚度来表示，将每次循环顶点的割线刚度认为是该循环的等效刚度，如图 3.29 所示。刚度公式见式（3.1）。将各循环割线刚度用线连接起来便是刚度退化曲线。为便于分析，将试件 CW1、试件 SW1、试件 SW2 和试件 SW3 的刚度退化曲线绘制于同一图中，如图 3.30 所示。

$$K_i = \frac{\left|+P_i\right| + \left|-P_i\right|}{\left|+\Delta_i\right| + \left|-\Delta_i\right|} \tag{3.1}$$

式中：K_i 为第 i 次循环割线刚度；P_i 为第 i 次循环峰点荷载值；Δ_i 为第 i 次峰点位移值。

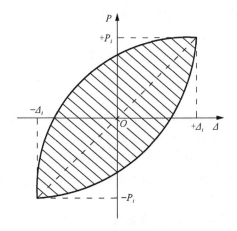

图 3.29　割线刚度计算示意

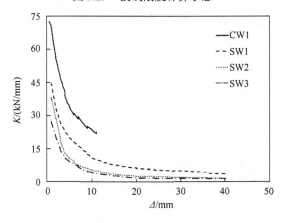

图 3.30　试件刚度退化曲线

由图 3.30 可见，普通墙体试件 CW1 在墙体开裂前刚度退化较快，在墙体开裂后刚度退化有所减慢；设有滑移隔震措施的隔震砌体墙体试件 SW1、试件 SW2 与试件 SW3 刚度退化曲线形状相似，试件 SW1、试件 SW2 在滑移隔震层开裂前（加载位移为 3mm）刚度退化较快，滑移隔震层开裂后，试件刚度退化减慢，位移 15mm 后，刚度退化曲线近似于水平直线；试件 SW3 在加载力小于石墨粉与地梁及上圈梁之间的静摩擦力时，即加载位移为 3mm 前，试件刚度退化较快，而后随着循环次数的增加，刚度退化曲线亦接近于水平直线，可见墙体滑移后墙体刚度基本不发生退化。研究表明三种滑移隔震层完成开裂后的滑移性能较好，可获得较好的消能减震效果。

2. 耗能能力分析

能量耗散是衡量结构抗震性能的重要指标。由于普通墙体和滑移隔震墙体的耗能机制存在本质差异，分别采用不同的考核指标来进行衡量。

1）无隔震措施的普通墙体

对于无隔震措施的普通墙体一般可选用变形能、耗能比、等效黏滞阻尼系数来反映试件的耗能能力。

（1）变形能。

变形能 E 指骨架曲线在各个受力阶段与坐标轴所包络的面积，综合反映了墙体的承载能力和墙体的变形能力。图 3.31（a）给出在荷载位移骨架曲线各个阶段变形能的计算示意图，A 为开裂荷载点，B 为极限荷载点，D 为破坏荷载点，在开裂荷载、极限荷载和破坏荷载下的变形能 E 值，分别用图形 OAA'、$OABB'$ 和 $OABDD'$ 的面积来表示。

（2）耗能比 β_e 和等效黏滞阻尼系数 h_e。

依据《建筑抗震试验规程》（JGJ/T 101—2015）规定，本研究采用耗能比 β_e 和等效黏滞阻尼系数 h_e 来评价，分别按下列公式计算[83]：

$$\beta_e = \frac{S_{FAH} + S_{HEK}}{S_{\triangle OAB} + S_{\triangle OED}} \tag{3.2}$$

$$h_e = \frac{\beta_e}{2\pi} \tag{3.3}$$

式中：$S_{FAH} + S_{HEK}$ 表示图 3.31（b）中滞回环所包围的面积（图中阴影部分面积）；$S_{\triangle OAB} + S_{\triangle OED}$ 表示图 3.31（b）中相应的两个三角形的面积之和。

等效黏滞阻尼系数 h_e 越大，试件变形的能耗就越大。普通固结墙体的抗震性能可依据初裂荷载、极限荷载、破坏荷载 3 个状态点所对应的滞回环的数据计算等效黏滞阻尼系数，如表 3.7 所示。

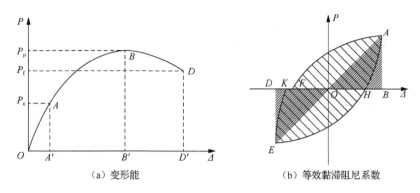

（a）变形能　　　　　　　　　　（b）等效黏滞阻尼系数

图 3.31　变形能及等效黏滞阻尼系数计算示意图

表 3.7　各个阶段试件耗能分析

试件编号	开裂荷载			极限荷载			破坏荷载		
	E/（kN·m）	β_e	h_e	E/（kN·m）	β_e	h_e	E/（kN·m）	β_e	h_e
CW1-0.5	80.1	0.27	0.043	2547.3	1.47	0.234	1396.65	0.76	0.121

从表 3.7 中可见，普通墙体从开裂荷载到极限荷载，再从极限荷载到破坏荷载，其应变能变化幅度较大，发生了较大的塑性变形。等效黏滞阻尼系数由开裂时刻的 0.043 到极限荷载时的 0.234，再到破坏时的 0.121，呈现出先增加后减小的状态，表明试件在开裂后塑性变形越来越大，当进入极限荷载后的下降段后塑性变形有所减小，耗能能力减弱。

2）滑移隔震墙体

对于滑移隔震墙体而言，其耗能机制与普通墙体完全不同，上部墙体在受荷过程中始终处于弹性状态，其耗能主要为滑移层的摩擦耗能。参照文献[70]和文献[85]提供的计算方法来计算往复荷载作用下的耗能，即根据摩擦做功的原理可以求出理想摩擦耗能器在一个滞回环中的耗能。

$$E = 4F\Delta_{max} \qquad (3.4)$$

式中：E 为一个滞回环的摩擦耗能；F 为滑移层的启滑力；Δ_{max} 为启滑位移。

图 3.32 给出了三种隔震墙体的耗能对比曲线，可以得出以下结论：①三种隔震墙体的耗能均是随着滑移位移的增大而不

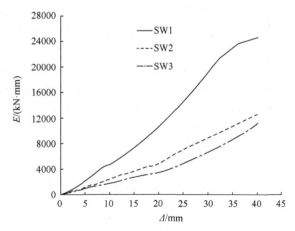

图 3.32　三种隔震墙体耗能对比曲线

断增大；②在相同摩擦耗能水平时，石墨粉隔震墙体试件 SW3 的滑移位移最大，其次是钢珠-改性砂浆隔震墙体试件 SW2，最小的是滑石粉改性砂浆隔震墙体试件 SW1，这也代表了三者的滑移耗能能力排序。

3.2.5　隔震墙体研究结论

本节对未设置滑移隔震措施的普通墙体和设置滑移隔震层分别为滑石粉改性砂浆、钢珠-改性砂浆、石墨粉的 3 个隔震砌体墙体进行了低周往复加载试验，从试验现象、滞回曲线、骨架曲线及刚度退化曲线、耗能能力对比分析了隔震墙体试件的抗震性能，主要取得了以下几点结论。

（1）无隔震措施的普通墙体在试验过程中经历了弹性阶段、弹塑性阶段及塑性阶段，在试验的全过程中存在开裂荷载、极限荷载和破坏荷载，结构破坏脆性明显，且超过极限荷载后刚度迅速退化，塑性变形能力较差。

（2）设置滑移层的 3 种隔震墙体在试验过程中大致经历了弹性阶段和限位滑移阶段，试件在试验的整个过程中始终处于弹性阶段，上部刚度几乎没有退化，设置低摩擦系数的滑移隔震层改变了墙体的受力破坏机制，通过水平滑动和橡胶束的限位作用，有效保护了上部结构免于破坏，隔震墙体具有良好的滑移耗能能力，试验结果表明材性研究提出的 3 种配方合理可行。

（3）3 种隔震墙体的启滑荷载和峰值荷载有所不同，启滑荷载排序依次为干铺石墨粉滑移层、钢珠-改性砂浆滑移层，以及滑石粉改性砂浆层。从峰值荷载角度而言，相对普通抗震墙体，3 种滑移层构造方案均能在一定程度上减小上部结构的地震作用，滑石粉改性砂浆方案可减小 35.3%，钢珠-改性砂浆方案可减小 64.7%，干铺石墨粉方案可减小 78.1%。

（4）橡胶束在试验过程中完好无损，且在试验卸载段表现出良好的限位复位能力，表明材性研究提出的橡胶束尺寸及其制作工艺可以满足隔震技术对限位装置的要求。

（5）由于摩擦系数不同，3 种滑移层配方的启滑荷载以及在相同滑动位移时耗能能力有所不同，在实际工程中应根据抗震设防烈度、房屋体量采用 3.1 节提出的"小震不坏，中大震启滑"相关条件，以及上部结构地震作用减少幅度（隔震效果）需求来进行选择。

3.3　复合隔震结构抗震性能振动台试验研究

通过 3.2 节低周往复加载试验研究可知，3 种滑移层方案比普通墙体有更好的耗能效果，但滑移层和基底砂垫层相结合的复合隔震体系的消能减震性能有待进行结构层面的试验研究。为此,本节进行了对比模型振动台试验,包括 4 栋 2 层的砌体结构房屋,分别为砂垫层-基础滑移复合隔震结构砌体房屋、基础滑移隔震结构砌体房屋、基底砂垫层隔震结构砌体房屋,以及普通抗震结构砌体房屋。低周往复加载试验研究表明钢珠-改性砂浆方案滑移性能较好,为观察低标号改性砂浆滑移层在实际地震输入下开裂启滑和限位滑动的全过程,选取钢珠-改性砂浆滑移层方案进行试验。振动台试验的主要目的为对比上述 4 种结构房屋在不同地震输入水平下的动力响应特征和破坏特点,对复合隔震结构砌体房屋的消能减震效果进行综合评价。

3.3.1 试验系统与仪器设备

振动台试验在重庆大学振动台实验室完成,振动台为由美国美特斯(MTS)系统公司设计制造的三向六自由度模拟地震振动台,其主要参数如表 3.8 所示。所使用的配套设备有加速度传感器、位移传感器、数据采集系统及高清摄像机。加速度传感器采用朗斯测试技术(秦皇岛北戴河)有限公司所生产的 LC0701A-5加速度传感器,其各项参数指标如表 3.9 所示。位移传感器采用拉线式位移传感器,其量程为 1000mm。数据采集系统采用重庆大学振动台实验室 MTS 系统的数据采集系统。

表 3.8 振动台主要参数

序号	主要参数		参数值
1	台面尺寸		6.1m×6.1m
2	最大试件质量/t		60
3	最大倾覆力矩/(kN·m)		1800
4	振动方向		三向六自由度
5	工作频段/Hz		0.1~50
6	台面满载最大加速度/g	X 向	±1.5
		Y 向	±1.5
		Z 向	±1.0
7	台面正弦波振动最大速度/(m/s)	X 向	±1.20
		Y 向	±1.20
		Z 向	±1.00
8	台面最大位移/m	X 向	±0.25
		Y 向	±0.25
		Z 向	±0.20

表 3.9　加速度传感器参数指标

序号	指标	参数	序号	指标	参数
1	传感器类型	IC 加速度传感器	6	非线性度	−0.5%～0.5%
2	量程	±5g	7	横向灵敏度	≤5%
3	频率范围	0～2500Hz	8	过载	2000g
4	灵敏度	300mV/g	9	工作温度范围	−20～80℃
5	轴向	单向	10	安装力矩	2～3N·m

3.3.2　模型设计与制作

1. 原型概况

受到国家自然科学基金项目"一种适于新疆村镇建筑的简易复合隔震体系研究"（项目编号：51368054）支持，模型选取新疆石河子地区为研究背景。石河子为 8 度设防，设计分组为第二组，该地区场地类别为Ⅱ类，场地特征周期为 0.40s。

原型结构为双层单进深双开间砌体结构，墙体厚度为 240mm，平面尺寸为 6.9m×4.2m，首层层高为 3.3m，二层层高为 3m，一、二层门窗洞口处设置钢筋砖过梁（3Φ6），女儿墙高度为 600mm。原型结构的建筑平面和立面布置如图 3.33 和图 3.34 所示。原型结构门窗设置如表 3.10 所示。

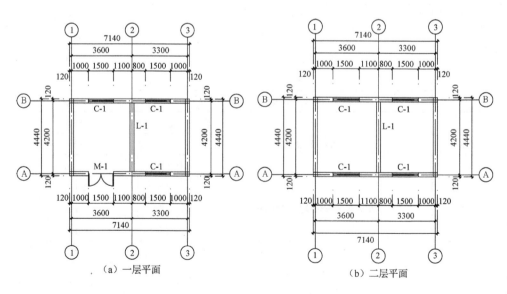

（a）一层平面　　　　　　　　　　　（b）二层平面

图 3.33　原型结构平面图

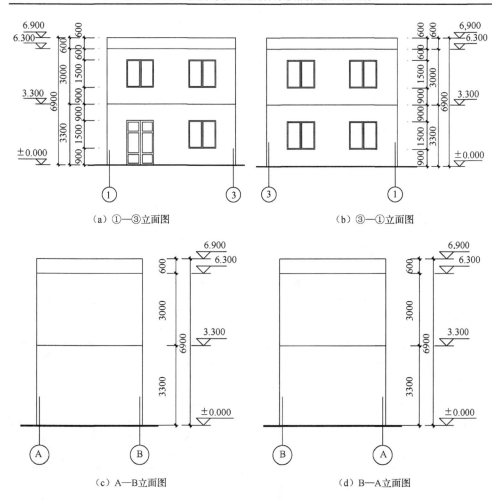

（a）①—③立面图　　　　　　　　　　　　（b）③—①立面图

（c）A—B立面图　　　　　　　　　　　　（d）B—A立面图

图 3.34　原型结构立面图

表 3.10　原型结构门窗设置

门窗编号	高/mm	宽/mm	数量/扇
M-1	2400	1500	1
C-1	1500	1500	7

　　墙体采用强度为 MU15、尺寸为 240mm×115mm×53mm 的烧结页岩实心砖，砂浆采用 M5.0 水泥砂浆。楼板采用现浇混凝土板，一层楼面恒载为 $1.5kN/m^2$，楼面活载为 $2.0kN/m^2$；二层屋面恒载为 $2.5kN/m^2$，上人屋面活载取 $2.0kN/m^2$，雪荷载取 $0.7kN/m^2$。在一层和二层的②轴线处均设置楼面梁 L1，截面尺寸为 240mm×400mm，跨度为 4.2m。圈梁的纵筋采用直径为 10mm 的 HRB400 级钢筋 4 根；箍筋为直径 6mm 的 HPB300 级钢筋，间距 200mm。砖墙的容重取 $22kN/m^3$，混凝土容重取 $25kN/m^3$。

2. 模型相似关系与配重计算

1）模型相似关系确定

结合试验中振动台的最大台面承载能力和台面尺寸，以及需同时进行 4 个模型试验，选用 1/4 缩尺模型较为适合。此外，为达到原地震作用效果，根据最大输出加速度（1.5g）和试验工况设定，质量相对原模型成比例缩减，根据振动台的输出加速度对加速度进行放大，取加速度相似比 S_a=2.0，此时可模拟 9 度大震（0.62g）水平，且振动台的输出加速度在合理范围内。试验时砌体块材的强度等级应与原型结构相一致，相似关系中弹性模量相似常数 S_E=1.000。以长度 l、弹性模量 E 和加速度 a 为基本相似参数，可推导出其余各物理量的相似关系如表3.11所示。由于 S_a>1，试验中需要给模型施加较大的重力加速度，但试验上实现起来较为困难，考虑到地震动产生的影响比重力影响大得多，试验中忽略重力的影响。

表 3.11　相似关系表

项目	物理量	相似关系	相似值
几何特性	长度 l	$S_l = l_m / l_p$	0.250
	线位移 Δu	$S_{\delta u}$	0.250
	角位移 θ	S_θ	1.000
	面积 A	S_l^2	0.063
	体积 V	S_l^3	0.016
材料特性	弹性模量 E	S_E	1.000
	应力 σ	$S_\sigma = S_E / S_a$	0.500
	应变 ε	$S_\varepsilon = S_\sigma / S_E$	0.500
	泊松比 μ	S_μ	1.000
	剪应力 τ	$S_\tau = S_G S_\gamma = S_E$	1.000
	剪应变 γ	S_γ	1.000
	剪切模量 G	$S_G = S_E$	1.000
	密度 ρ	$S_\rho = S_m / S_l^3 = S_\sigma / S_l$	2.000
荷载	集中荷载 F	$S_F = S_V = S_E S_l^2$	0.063
	剪力 V	$S_V = S_\tau S_l^2 = S_E S_l^2$	0.063
	线荷载 q	$S_q = S_F / S_l = S_E S_l$	0.250
	面荷载 p	$S_p = S_F / S_A = S_E$	1.000
	力矩 M	$S_M = S_F S_l = S_E S_l^3$	0.016
动力特性	质量 m	$S_m = S_\rho S_l^3 = S_\sigma S_l^2$	0.031
	时间 t、周期 T	$S_t = S_T = (S_\sigma S_l / S_E)^{1/2}$	0.354
	刚度 k	$S_k = S_E S_l$	0.250

续表

项目	物理量	相似关系	相似值
动力特性	阻尼 c	$S_c = S_m / S_T = (S_\sigma S_E)^{1/2} S_l^{3/2}$	0.088
	频率 f	$S_f = S_T - 1 = (S_\sigma S_l / S_E)^{-1/2}$	2.828
	速度 v	$S_v = S_l / S_t = (S_E S_l / S_\sigma)^{1/2}$	0.707
	加速度 a	$S_a = S_F / S_m = S_E / S_\sigma$	2.000

注：（1）弹性模量 E 为单向应力状态下应力除以该方向的应变。材料在弹性变形阶段，其应力和应变成正
比例关系（即符合胡克定律），其比例系数称为弹性模量。弹性模量只与材料本身有关，且缩尺
模型和实际尺寸的建筑所用的材料相同，因此弹性模量不改变。

（2）应力 σ 为单位面积的力。

（3）应变 ε 为在外力作用下的相对变形。

（4）泊松比 μ 是指材料在单向受拉或受压时，横向正应变与轴向正应变的绝对值的比值，也称为横向
变形系数。它是反映材料横向变形的弹性常数。

（5）剪应力 τ 为与截面相切的应力，也称为切应力。

（6）剪切模量 G 是剪应力与剪应变的比值，只与材料本身有关，与外部荷载无关，因此相似值为 1.000。

2）模型配重计算

根据《建筑结构荷载规范》（GB 50009—2012）[86]和《建筑抗震设计规范（2016
年版）》（GB 50011—2010）[11]进行模型房屋荷载的计算，模型墙体的容重与原型
一样，重力荷载代表值取自重标准值与可变荷载组合值（不计入屋面活荷载）之
和，原型楼屋面的折算重力荷载代表值为 4.5kN/m²，模型楼板荷载自重 0.75kN/m²。
原型与模型的质量如表 3.12 所示。

表 3.12　原型与模型质量　　　　　（单位：t）

项目	砖墙		楼板		女儿墙	总质量
	一层	二层	一层	二层		
原型	33.16	30.25	16.26	14.34	7.18	101.19
模型	0.51	0.47	0.14	0.14	0.11	1.37

试验中考虑到模型尺寸，以及模型楼板实际承载力有限，难以实现完全人工质量
模型，故采用欠人工质量模型，施加的配重为 $m_a = m_p \times S_m - m_m = 101.19t \times 0.03125 -$
$1.37t = 1.796t$，根据原型结构每层的重力荷载代表值的比例进行分配，一层和二
层添加的人工质量分别为 1.014t 和 0.782t。

此时由重力引起的应力相似系数为 0.5，鉴于本试验主要研究隔震效果和水平
地震响应，竖向应力对模型结构影响较小，通过调整地震波加速度峰值来调整
竖向应力水平。当剪应变相似系数为 1，可由试验结果推算原型地震加速度峰值以
及相应动力反应。

3. 模型设计

采用对比模型试验，包括 4 栋 2 层的无筋砌体结构房屋，分别为 M1（普通抗震结构砌体房屋）、M2（砂垫层-基础滑移复合隔震结构砌体房屋）、M3（基础滑移隔震结构砌体房屋）和 M4（砂垫层隔震结构砌体房屋）。

根据 1/4 缩尺比例可得模型的相关布局尺寸，模型平面尺寸为 1.725m×1.05m。一层层高为 0.825m，二层层高为 0.75m，女儿墙实际砌筑高度为 150mm，墙体厚度为 60mm，门洞尺寸为 375mm×600mm，窗洞尺寸为 375mm×375mm。模型平面和立面布置如图 3.35 和图 3.36 所示，模型门窗设置如表 3.13 所示。

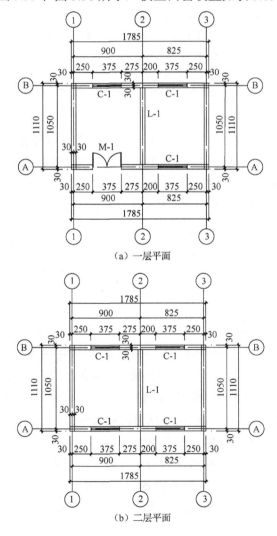

图 3.35　模型平面图

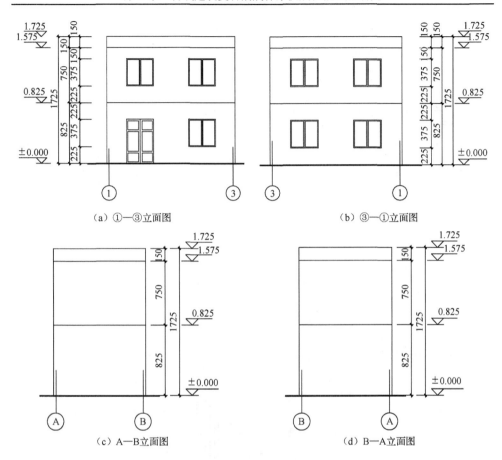

（a）①—③立面图　　　　　　　　（b）③—①立面图

（c）A—B立面图　　　　　　　　（d）B—A立面图

图 3.36　模型立面图

表 3.13　模型门窗设置

门窗编号	高/mm	宽/mm	数量/扇
M-1	600	375	1
C-1	375	375	7

楼面梁 L-1 截面尺寸为 60mm×100mm，纵筋采用 HPB300 级钢，底筋和顶筋均为 2Φ6，箍筋采用镀锌钢丝 12#@50。梁采用预制后安装到砌筑好的墙体上的方式完成，梁端坐浆支撑于墙体；楼板采用 30mm 厚预制板并配以双层双向 8#@55 的镀锌钢丝，经验算可承受人工配重，并满足吊装要求，预制板多余的厚度计入人工质量配重；过梁的钢筋采用 2 根 8#钢丝。

在砂垫层-基础滑移复合隔震结构模型（M2）和基础滑移隔震结构模型（M3）中，底部基础圈梁由上下两层分两次浇筑的圈梁组成，在上、下圈梁接触面布置滑移层，上、下圈梁内部设置捆绑橡胶束，单个橡胶束的规格为 80mm×30mm×

110mm。基础圈梁平面、剖面如图 3.37 和图 3.38 所示。模型用砖采用与原型等强的页岩实心砖切割而成，尺寸为 56mm×53mm×25mm，如图 3.39 所示。

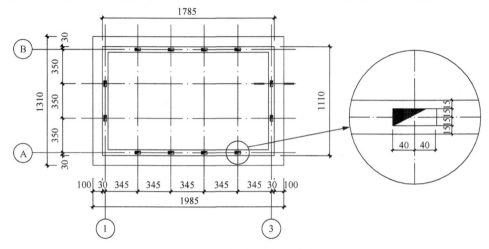

图 3.37　基础圈梁平面图

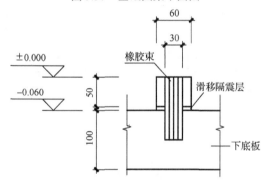

图 3.38　基础圈梁剖面图

图 3.39　模型用砖

砂垫层-基础滑移复合隔震结构模型（M2）和砂垫层隔震结构模型（M4）为有砂箱模型，在振动台台面的布置如图 3.40 所示。普通抗震结构模型（M1）和基础滑移隔震结构模型（M3）为无砂箱模型，在振动台台面的布置如图 3.41 所示。对有砂箱模型采用粒径为 5~10mm 的砂砾垫层分层（每层 100mm 厚）碾压压实。

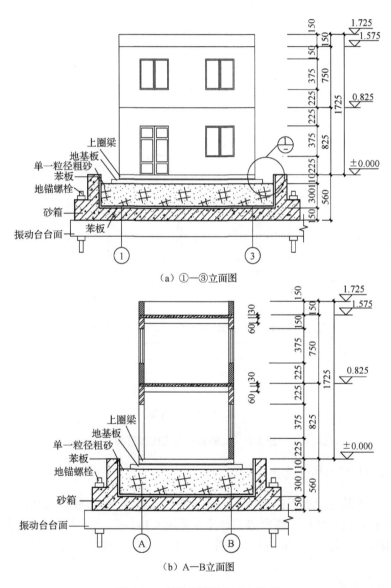

图 3.40　有砂箱模型立面布置图

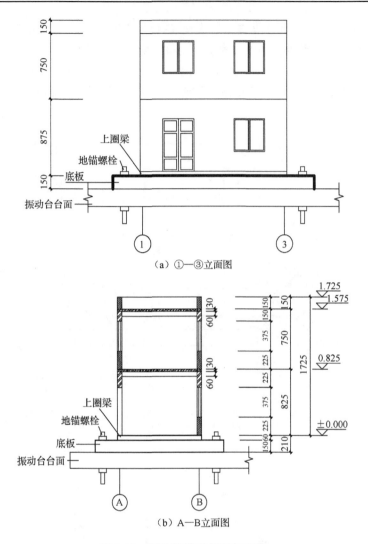

（a）①—③立面图

（b）A—B立面图

图3.41 无砂箱模型立面布置图

4. 模型材料力学性能指标

振动台试验房屋模型的墙体采用普通烧结页岩砖，砌筑砂浆选用标号为 M5.0 的水泥砂浆，梁、楼板、圈梁等构件全部采用 C30 混凝土，构件中所配钢筋采用 8#镀锌钢丝（公称直径 4mm）进行模拟，配筋量按照相似关系的等效原则进行计算。

1）烧结页岩实心砖

由于试验模型需要按照相似关系对砖进行切割缩尺，如前文所述，原型砖规格为 240mm×115mm×53mm，模型砖规格为 56mm×53mm×25mm。

对原型砖进行单砖试验，随机选取 10 皮原型砖，将其沿长边方向截成两半，每一半砖长度不小于 100mm，对砖进行湿润后采用 32.5 普通硅酸盐水泥净浆粘结，试件上下表面采用水泥净浆找平。对试件养护 28d，测定其重叠面尺寸后进行抗压强度试验，如图 3.42 所示。试件的极限压力与试验前所测得的重叠面积之比便为原型砖的抗压强度。

对模型砖墙体也进行抗压强度试验，砌筑一组砖墙试件，一组 3 个试件，立面尺寸为 110mm×160mm×60mm，高厚比为 3.0。试件养护完成后进行墙体试件抗压试验，如图 3.43 所示。试验结果如表 3.14 所示。

图 3.42　原型砖试验

图 3.43　模型砖试验

表 3.14　砖抗压强度试验结果

试件	抗压强度/MPa	变异系数/%
原型砖	12.8	14.9
模型砖	8.3	13.3

2）混凝土

振动台试验涉及的梁和楼板均采用预制，其所使用混凝土强度为 C30，在预制试件时，同时进行混凝土立方体抗压试件制作，在振动台试验开始前，进行混凝土立方体抗压强度试验，经测算得到 C30 混凝土立方体抗压强度平均值为 43.2MPa。

3）砌筑砂浆

振动台试验模型采用 M5.0 水泥砂浆，在模型墙体砌筑时，每拌和一次砌筑砂浆预留一组砂浆抗压试件，试件尺寸为 70.7mm×70.7mm×70.7mm。根据《建筑砂浆基本性能试验方法标准》JGJ/T 70—2009[87]的规定进行试验，测得一层砂浆强度为 M4.0，二层砂浆强度为 M4.0。同样试验方式可得到滑移层改性砂浆强度为 M2.2。

4）捆绑橡胶束限位装置

考虑到试验结构采用缩尺模型，故所采用的橡胶束也应相应减小尺寸。综合考虑地圈梁的截面尺寸，本次所采用的捆绑橡胶束限位装置的几何尺寸为80mm×30mm×110mm，如图3.44所示。

图 3.44　橡胶束制作

5. 模型制作

4 个模型试验涉及砂箱、模型底板、地圈梁、楼面梁、过梁等混凝土试件的制作，墙体砌筑、砂砾垫层的铺设，以及模型的组合安装。

1）砂箱及底板制作

（1）砂箱制作。

砂垫层-基础滑移复合隔震结构模型（M2）及砂垫层隔震结构模型（M4）所使用的砂箱需通过螺杆锚固在振动台台面上，因此砂箱制作的关键在于保证砂箱底面平整、准确定位螺杆，以及吊钩的预埋。

砂箱采用刚性模型箱，为保证螺杆孔洞具有足够刚度，砂箱混凝土强度采用C40；砂箱底板厚度为150mm，平面尺寸为2950mm×2200mm，砂箱底板配筋为双层双向φ10 钢筋；砂箱侧板与底板整体浇筑，为防止试验过程中砂砾溢出砂箱落入振动台台面，砂箱侧板高度取为410mm，厚度为150mm，侧板纵筋为2φ10，箍筋为φ6@200，并配以 2 根φ10 的腰筋和φ6 的拉筋；锚杆预留孔洞采用外径为40mm 的 PVC 管，在混凝土浇筑完成后拆除；砂箱四壁内侧及底部均粘贴 20mm厚苯板，四周侧板（内壁苯板）可吸收削弱反射波，降低干扰，并模拟基坑对垫层的约束，底部铺设的苯板可起到减小砂体与底板产生相对滑移的作用。砂箱制作过程如图3.45所示。

（a）砂箱模板支护

（b）砂箱混凝土浇筑

（c）砂箱构件养护

（d）苯板铺设

图 3.45　砂箱制作过程

（2）模型底板制作。

普通抗震结构模型（M1）和基础滑移隔震结构（M3）的底板需预留螺杆孔洞，底板混凝土强度亦采用 C40，厚度为 150mm，尺寸为 2450mm×1700mm，配双层双向φ10 钢筋，采用外径为 40mm 的 PVC 管来预留孔洞，模型底板制作如图 3.46 所示；砂垫层-基础滑移复合隔震结构模型（M2）及砂垫层隔震结构模型（M4）底板制作类似。此外，模型 M2 及模型 M3 底板制作中植入预设橡胶束，如图 3.47 所示。

（a）钢筋绑扎

（b）模板支护

图 3.46　底板制作过程

2）混凝土构件制作

（1）上圈梁制作。

对于有滑移层的模型（M2 和 M3），在底板完成后，上圈梁直接在底板上支模、浇筑，以便保证橡胶束位置与上圈梁孔洞对位，如图3.48所示。

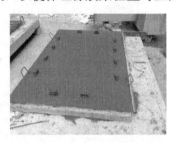

图3.47　橡胶束的安装

图3.48　上圈梁施工

（2）过梁、楼面梁及楼板。

过梁、楼面梁及楼板均采用预制方式制作。过梁尺寸为500mm×50mm×50mm，配2根8#镀锌钢丝，由于所有门窗洞口宽度均为375mm，故所有过梁尺寸相同。楼面梁跨度为1.10m，截面尺寸为60mm×100mm，保护层厚度为10mm，纵向钢筋采用HPB300级钢，上部钢筋为2ϕ6，下部钢筋为2ϕ6，箍筋采用镀锌钢丝12#@50。楼板尺寸为1785mm×1110mm，厚度为30mm，配双层双向镀锌钢丝8#@55mm，在纵横墙上板端的支承长度为55mm，如图3.49所示。

（a）过梁

（b）楼面梁

（c）楼板配筋

（d）楼板浇筑

图3.49　过梁、楼面梁及楼板

3）滑移层铺设

对于有滑移层的模型（M2 和 M3），在上圈梁制作、养护完成后，将上圈梁整体抬起，按照材性试验及低周往复加载试验中的方法铺设滑石粉改性砂浆，待砂浆铺好抹平后均匀撒入钢珠，将上圈梁整体落下，将钢珠压入砂浆层中，使上圈梁与滑移层完全贴合，如图 3.50 所示。

图 3.50　滑移层铺设

4）模型砌筑

每层房屋模型的施工过程为墙体砌筑→过梁搭设→楼面梁搭设→楼板吊装。为符合工程实际，墙体砌筑工人为从劳务市场雇佣的农民工。为保障 4 个模型的砌筑质量相同，采取水平交叉流水作业的方式，防止不同人工砌筑水平造成模型砌筑质量的差异。

模型砖墙设计均为 60mm 厚，鉴于模型砖尺寸，无法模拟"三顺一丁"的砌筑方式，决定采用全顺式砌筑法，即砖块全部顺砌的方式，并严格注意上下砖的错缝，灰缝厚度为 3～5mm。4 个外墙角，沿墙高每 5 皮砖在灰缝内设置 1 根 14# 铁丝作为砖柱拉结筋，每边伸入墙内 220mm。

砌筑砂浆采用水泥砂浆，其配合比为 32.5 水泥∶砂子=1∶6.9，施工质量 B 级，砌筑砂浆的饱满度不小于 80%。墙体的砌筑顺序是先砌筑墙垛，后砌筑墙体，吊装楼板，待二层楼板吊装完成后再砌筑 150mm 高的女儿墙。为后期试验观测模型裂缝，待模型达到足够的强度后对模型外墙表面进行粉刷。模型的砌筑过程如图 3.51 所示。

5）模型安装

在模型砌筑、养护完成后，进行模型安装。首先，将无砂箱模型（M1 和 M3）吊装至振动台面并对角放置，对孔安装；对于有砂箱模型（M2 和 M4），先进行砂箱吊装，亦按照对角放置并对孔安装。然后，铺设 300mm 厚砂砾垫层，铺设中每 100mm 进行分次振捣、碾压、找平。最后，将模型 M2 和模型 M4 吊至砂箱中的垫层表面。吊装完成后进行 4 个模型配重的安装，并静置 7d 进行预压，如图 3.52 所示。

（a）底层墙体砌筑中期阶段　　　　　　　（b）底层钢筋混凝土过梁搭设

（c）底层楼面梁搭设　　　　　　　　　（d）底层楼板吊装

（e）二层墙体砌筑　　　　　　　　　（f）二层楼板吊装

（g）女儿墙砌筑　　　　　　　　　（h）4 个模型完成

图 3.51　模型施工过程

（a）垫层铺设

（b）模型安装

图 3.52　模型安装过程

3.3.3　加载方案

1. 输入地震波

根据试验模型刚度大、振动频率高、破坏主要取决于地震动的幅值特性等特点，综合已有砌体结构振动台试验选波经验，经过综合比较，选取 2 组天然波（El-Centro 和 PER00004）和 1 组人工波（ACC1）作为输入波，将选出的 3 条地震波的动力反应谱与《建筑抗震设计规范（2016 年版）》（GB 50011—2010）[11]提供的设计反应谱进行对比，如图 3.53 所示。3 条地震波与设计反应谱在统计意义上相符。

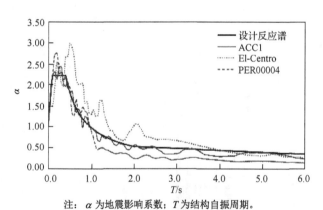

注：α 为地震影响系数；T 为结构自振周期。

图 3.53　选用地震波加速度反应谱对比

模型输入地震波应按照相似系数进行调整，所选地震波持时按时间相似系数 0.3536 进行缩小，加速度按加速度相似系数放大 2 倍。根据不同试验工况需要，需对所选地震波进行调幅，公式如下：

$$a'(t) = (A'_{max} / A_{max}) \times a(t) \qquad (3.5)$$

式中：$a'(t)$、$a(t)$ 分别为调整后和地震波中记录的加速度；A'_{max}、A_{max} 分别为规范规定和地震波中记录的加速度峰值。

　　为了找到能激发结构较大反应且与振动台拟合效果较好的输入地震动，加载初期采用 3 组地震波作为输入，根据试验中的观察和比较，后期选定对结构较为敏感的天然波作为后续输入。此外，考虑到各地震波对结构影响程度不同，前期El-Centro 波影响最小，其次为 PER00004 波，人工波（ACC1）影响最大，因此加载顺序依次为 El-Centro 波、PER00004 波、人工波（ACC1）。地震波加速度时程曲线及相应傅里叶谱如图 3.54 所示，从傅里叶谱中可以看出，所选的频率以（0～10Hz）和（40～50Hz）分布为主，整体分布规律基本一致。

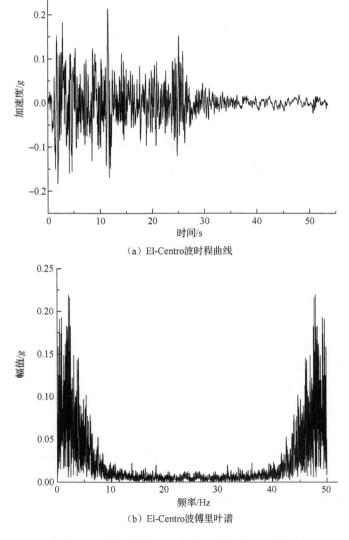

（a）El-Centro波时程曲线

（b）El-Centro波傅里叶谱

图 3.54　地震波加速度时程曲线及相应傅里叶谱

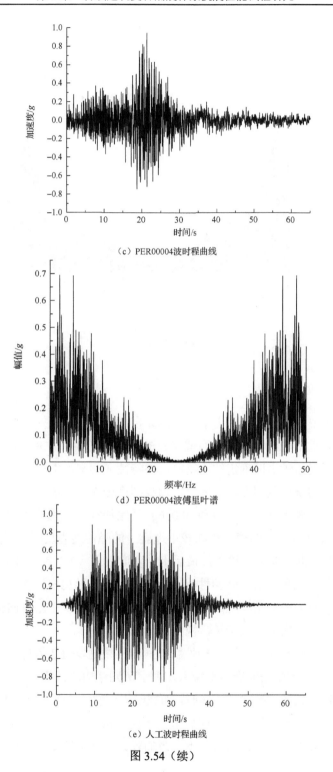

（c）PER00004波时程曲线

（d）PER00004波傅里叶谱

（e）人工波时程曲线

图 3.54（续）

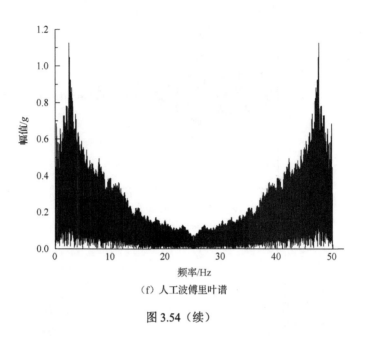

（f）人工波傅里叶谱

图 3.54（续）

2. 加载制度与工况

砌体结构中纵横墙承载能力不同，破坏模式也有很大的差异[88]，加载制度采用单向、双向水平输入混合式。测试前先进行模态测试，再进行动力反应试验。模态测试时采用白噪声以确定结构震前自振特性（频率、振型和阻尼）。试验时，根据实际情况调整加载制度。总体上，加载制度分 3 个阶段。

第 1 阶段：弹性状态。从峰值 0.036g 开始加载，分别输入 El-Centro 波、PER00004 波、人工波，考察结构在较小地震下的弹性地震反应。具体输入时，先 X 向单向输入，再 Y 向单向输入，最后水平双向输入（$X：Y=1：0.85$）。

第 2 阶段：出现裂缝，弹塑性状态。考虑到砌体结构扭转效应不明显，以及试验目的在于研究隔震结构地震响应特征，故开裂后工况采用单向输入。当结构进入塑性阶段后，增大加载步长，视目标荷载而定。

第 3 阶段：结构进入较大弹塑性状态（结构裂缝发育较为充分，裂缝宽度较大），采用单向 9 度罕遇地震多次输入，观察研究结构的破坏机制。

在设计输入波各工况加载顺序时，加载时先天然波后人工波，先低频后高频，先弱后强；激振方向，先水平 X 向后水平 Y 向，最后水平双向。每个激振工况施加完成后停歇观察记录，而后进入下一级加载。加载工况如表 3.15 所示。

表 3.15　试验加载工况

编号	输入水平 （原型结构）	实际输入	输入地震波	加速度/g			备注
				X	Y	Z	
S1			白噪声	0.03	0.03	0.03	
S2		0.036	El-Centro	X			
S3	6 度小震（0.018g）	0.036	PER00004	X			
S4		0.036	人工波	X			
S5		0.1	El-Centro	X			
S6	6 度中震（0.05g）	0.1	PER00004	X			
S7		0.1	人工波	X			
S8		0.036	El-Centro		Y		
S9	6 度小震（0.018g）	0.036	PER00004		Y		
S10		0.036	人工波		Y		
S11		0.1	El-Centro		Y		
S12	6 度中震（0.05g）	0.1	PER00004		Y		
S13		0.1	人工波		Y		观察裂缝
S14			白噪声	0.03	0.03	0.03	
S15	6 度小震（0.018g）	0.036	El-Centro	X	Y		
S16	6 度中震（0.05g）	0.1	El-Centro	X	Y		观察裂缝
S17			白噪声	0.03	0.03		
S18		0.2	El-Centro	X			
S19	7 度中震（0.1g）	0.2	人工波	X			
S20		0.2	El-Centro		Y		
S21		0.2	人工波		Y		观察裂缝
S22			白噪声	0.03	0.03	0.03	
S23	7 度中震（0.1g）	0.2	El-Centro	X	Y		
S24		0.2	人工波	X	Y		观察裂缝
S25		0.3	El-Centro	X			
S26	7.5 度中震（0.15g）	0.3	人工波	X			观察裂缝
S27		0.3	El-Centro		Y		
S28		0.3	人工波		Y		观察裂缝
S29	7.5 度中震（0.15g）	0.3	El-Centro	X	Y		
S30		0.3	人工波	X	Y		观察裂缝

编号	输入水平（原型结构）	实际输入	输入地震波	加速度/g			备注
				X	Y	Z	
S31			白噪声	0.03	0.03	0.03	
S32	7 度大震（0.22g）	0.44	El-Centro	X			
S33		0.44	人工波	X			
S34		0.44	El-Centro		Y		
S35		0.44	人工波		Y		观察裂缝
S36			白噪声	0.09	0.09	0.09	
S37	7.5 度大震（0.31g）	0.62	El-Centro	X			
S38		0.62	人工波	X			观察裂缝
S39		0.62	El-Centro		Y		
S40		0.62	人工波		Y		观察裂缝
S41			白噪声	0.09	0.09	0.09	
S42	8 度大震（0.40g）	0.8	El-Centro	X			
S43		0.8	El-Centro		Y		观察裂缝
S44			白噪声	0.09	0.09	0.09	
S45	8.5 度大震（0.51g）	1.02	El-Centro	X			
S46	8.5 度大震（0.51g）	1.02	El-Centro		Y		观察裂缝
S47	9 度大震（0.62g）	1.24	El-Centro	X			

3.3.4　观测方案

在振动台试验中，主要对模型的加速度、位移和裂缝发展等进行观察和记录，采用加速度计、位移计和裂缝观察仪测量。由于缩尺模型中钢筋和墙体的应变都比较小，试验中未布置应变片。模型定位如图 3.55 所示，定义模型结构纵墙方向为 X 向，横墙方向为 Y 向，高度方向为 Z 向。

1. 位移测点布置

由于试验条件限制（拉线式位移计布置有难度，且数量有限），位移计共 11 个，分别布置在 4 个模型 X 向的地基板、上圈梁、一层楼板、二层楼板处，用于测试地基板和各层板顶 X 方向的位移反应，各层位移计的布置如图 3.56 所示。位移计布置与仪器通道如附录表 A.1 所示。

2. 加速度测点布置

各层加速度计的布置如图 3.57 所示，分别布置在台面、底座、地基板、上圈梁，以及一、二层楼板顶的 X、Y 向，加速度计共 30 个。加速度计布置与仪器通道表如附录表 B.1 所示。

试验开始进行之前，对 4 个模型墙体进行裂缝检查，如发现裂缝则作为初始裂缝。在进行每个工况加载后进行白噪声扫描，然后暂停试验，对模型的裂缝进行检测、标注及拍照，并记录试验现象。

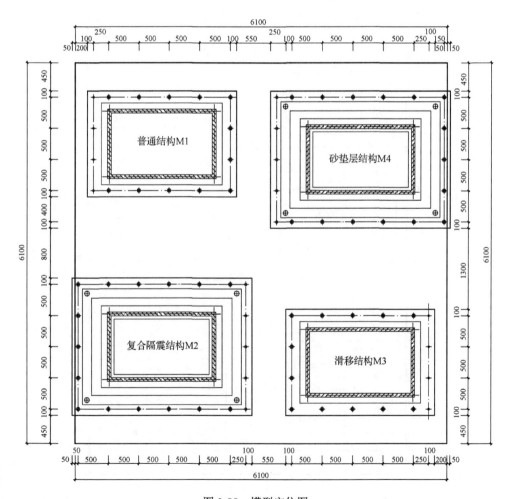

图 3.55　模型定位图

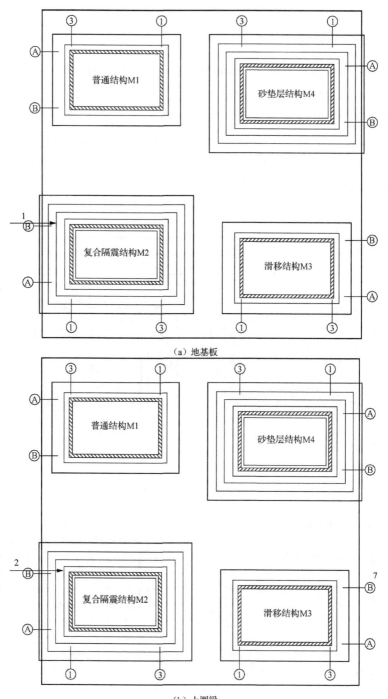

（a）地基板

（b）上圈梁

图 3.56　位移计布置

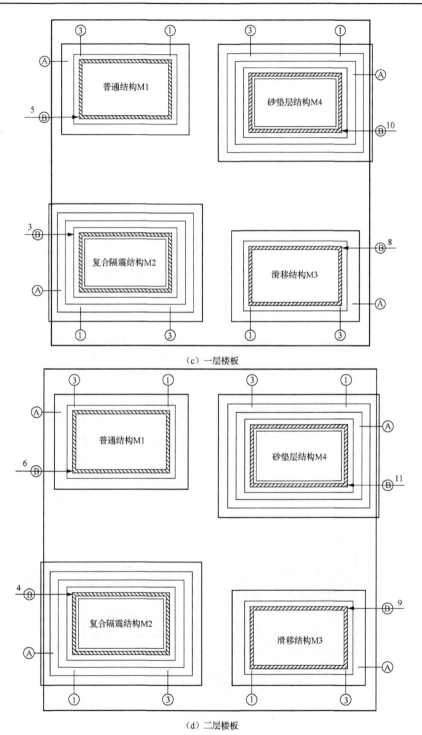

（c）一层楼板

（d）二层楼板

图 3.56（续）

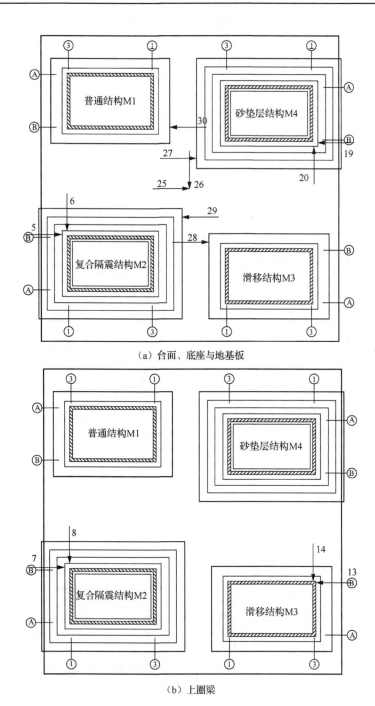

（a）台面、底座与地基板

（b）上圈梁

图 3.57　加速度计布置

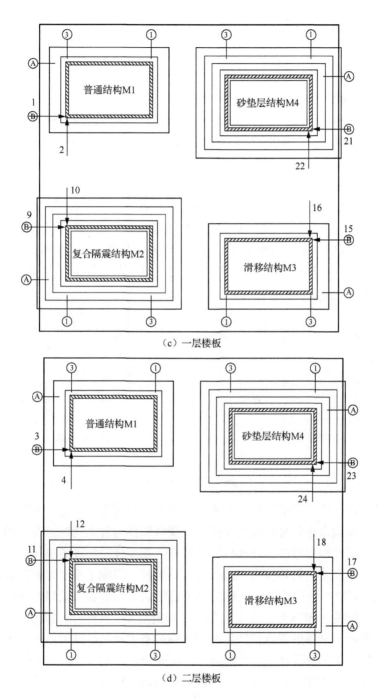

（c）一层楼板

（d）二层楼板

图 3.57（续）

3.3.5　试验结果分析

1. 试验现象及破坏特征

1）试验现象

在 47 个加载工况中，4 个结构模型分别经历了弹性阶段、弹塑性阶段及破坏阶段。试验结束后，砂垫层-基础滑移复合隔震结构模型（M2）发生顶层破坏，普通抗震结构模型（M1）、基础滑移隔震结构模型（M3）及砂垫层隔震结构模型（M4）发生严重破坏。选取试验现象发生明显变化的工况进行阐述。试验描述中工况采用"加载序号-加载方向-输入波类型"来表达，例如"S3-X-E"和"S40-Y-M"分别表示第 3 号工况在 X 向 El-Centro 输入和第 40 号工况在 Y 向人工波输入。此外，以"/"形式给出原型结构输入水平和实际输入水平，例如 6 度中震 $0.05g/0.1g$ 表示原型输入为 $0.05g$，实际输入为 $0.1g$。4 个模型的门窗编号如图 3.58 所示。

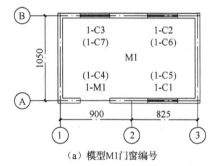
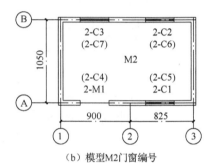

（a）模型M1门窗编号　　　　　　　　（b）模型M2门窗编号

注：括号内为二层窗编号。

图 3.58　门窗编号

为了保证试验过程中的模拟地震能量能够完全向模型传递，试验中 4 个模型底板均须与振动台台面进行锚固连接，且要求底板与台面间保持完全的贴合。但由于实际施工过程中难以保证底板的平整度，在安装模型紧固螺栓时，造成了底板内存在一定程度的初始应力，对不同的结构模型造成了不同程度的影响：模型M1 的底座直接与台面锚固，底座的不平整造成了①轴底层横墙中部产生了横向初始裂缝，如图 3.59 所示；对于模型 M2 和模型 M4 而言，与振动台相连的为砂箱，砂箱底板不平整造成砂箱产生的初始裂缝基本对上部结构试验效果无影响；模型 M3 虽也存在锚固导致的初始应力，但试验前未见明显裂缝出现。

4 个模型在经历过 X 和 Y 向 6 度小震，以及 X 向 6 度中震等工况后，模型M1 和模型 M3 出现裂缝，模型 M2 和模型 M4 完好无损。下面就模型的裂缝发展或典型破坏的工况进行介绍。

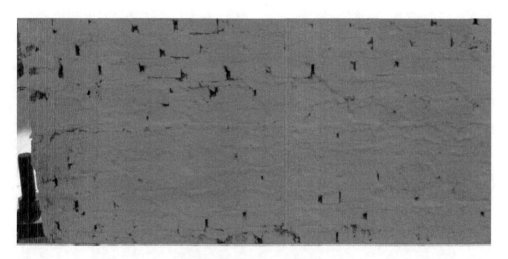

图 3.59　模型 M1 初始裂缝

（1）工况 S13-Y-M（Y 向 6 度中震，0.05g/0.1g）。

该工况作用时模型 M1 和模型 M3 出现一定程度的破坏损伤，模型 M2 及模型 M4 保持完好。

模型 M1：横墙方面，①轴底层横墙的初始裂缝实现了水平贯通，底层楼板与墙体交接处出现了细微水平裂缝 [图 3.60（a）]；③轴的底层横墙底部也出现了细微的贯穿水平裂缝 [图 3.60（b）]，且中部沿右边的窗 1-C2 的窗角延伸出一条斜向裂缝，底层楼板底处也出现了细微的水平裂缝。纵墙方面，Ⓐ轴底层纵墙的门洞 1-M1 左上角出现一条 45° 斜向裂缝，由过梁底部向左上角发展，与①轴横墙在板底的水平缝交接，在Ⓐ轴底层纵墙右下部出现了一条由角部向门洞发展的水平裂缝，在底层楼板下方出现了一条由③轴横墙水平裂缝延展过来的裂缝，裂缝从右至左一直延伸到楼面梁边，在窗 1-C1 左下边 5 皮砖处也出现一条与墙底裂缝连接的小裂缝 [图 3.60（c）]。Ⓑ轴纵墙的窗 1-C2 左下角出现了沿③轴中部裂缝开展过来的阶梯状裂缝，开展至窗角，窗 1-C2 右下角出现了一条贯通 2 皮砖的竖缝；窗 1-C3 左下角沿窗角出现一条通向墙底的裂缝，窗右边由于初始裂缝的发展，形成了一条水平裂缝，裂缝外围的涂料发生剥落 [图 3.60（d）]。

模型 M3 的 B 轴底层纵墙的窗 3-C3 左下角出现一条长度约为 100mm 的细微斜拉裂缝，如图 3.61 所示。过早出现斜拉裂缝的原因为底板底面不完全水平导致模型在锚固安装时存在一定的初始拉应力。

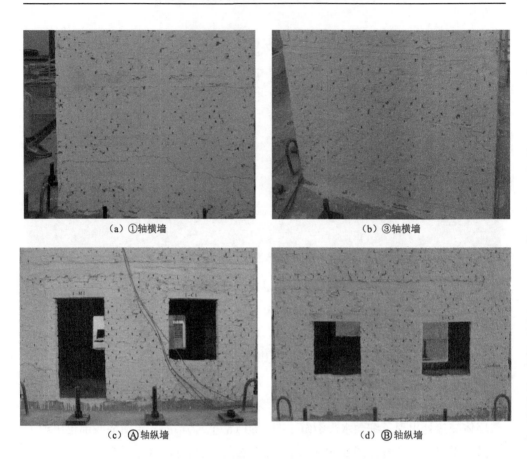

（a）①轴横墙　　　　　　　　　　　（b）③轴横墙

（c）Ⓐ轴纵墙　　　　　　　　　　　（d）Ⓑ轴纵墙

图 3.60　模型 M1 在工况 S13 后的裂缝

图 3.61　模型 M3 在工况 S13 后的裂缝

（2）工况 S16-XY-E（X、Y 向 6 度中震，0.05g /0.1g）。

模型 M1 的①轴横墙中部的水平缝有所增宽，在试验过程中可以观察到模型明显的错位晃动，裂缝左边涂料剥落 [图 3.62（a）]，③轴横墙无新增裂缝；Ⓐ轴纵墙门左边沿着 13Y（为工况 S13 时记录出现的裂缝）延伸出一条贯通至门边的新裂缝；在窗 1-C1 左下角 5 皮砖位置，沿着 13Y 开展出一条阶梯裂缝，直至窗角 [图 3.62（b）]；Ⓑ轴纵墙窗 1-C2 左上角过梁下 1 皮砖处出现一条 45° 斜向阶梯状裂缝，长约 15cm，窗 1-C3 沿着过梁右上角出现了一条新增裂缝，穿过约 4 皮砖长；窗 1-C3 右下部的水平裂缝明显错位，涂料完全剥落 [图 3.62（c）]。

模型 M3 没有出现新的裂缝，原裂缝略有发展，模型 M2 及模型 M4 保持完好。

(a) ①轴横墙　　　　　　　　　　(b) Ⓐ轴纵墙

(c) Ⓑ轴纵墙

图 3.62　模型 M1 在工况 S16 后的裂缝

（3）工况 S20-Y-M（Y 向 7 度中震，0.1g /0.2g）。

模型 M1 在原有裂缝的基础上有所延伸，但无新增裂缝。模型 M3 在③轴底层横墙上圈梁与第 1 皮砖之间出现水平拉通裂缝 [图 3.63（a）]；Ⓑ轴纵墙 1-C2 窗角出现一条由墙角到窗口长度约为 120mm 的斜裂缝 [图 3.63（b）]。模型 M2 和 M4 无裂缝。

（a）水平拉通裂缝　　　　　　　　（b）斜裂缝

图 3.63　模型 M3 在工况 S21 后的裂缝

（4）工况 S24-XY-M（X、Y 向 7 度中震，0.1g/0.2g）。

模型 M1 的Ⓐ轴纵墙二层开始出现裂缝，窗 1-C4 左下角出现一条穿过 6 皮砖的斜向左下 45°的阶梯裂缝，右下墙底从砖柱处开展了一条过 2 皮砖的短裂缝，窗 1-C5 过梁与砖墙搭接处出现一条裂缝，沿着过梁上部右侧向上开展至二层楼板下［图 3.64（a）］；Ⓑ轴纵墙窗 1-3C 右下角从窗角处出现一条斜向右上方约 10cm 的裂缝并与裂缝 13Y 相接，此时 13Y 裂缝宽度已发展较大［图 3.64（b）］。

（a）Ⓐ轴纵墙　　　　　　　　（b）Ⓑ轴纵墙

图 3.64　模型 M1 在工况 S24 后的裂缝

模型 M3 四周墙角出现少量水平裂缝，位置为第 1 皮砖处及第 12 皮砖处，且裂缝皆跨越 1 皮砖的厚度（图 3.65）。模型 M2 及 M4 仍保持完好。

（5）工况 S26-X-M（X 向 7.5 度中震，0.15g/0.3g）。

模型 M1 的Ⓑ轴纵墙窗 1-3C 左下角处，从 13Y 裂缝中部斜向左下出现了一条新裂缝，裂缝穿过 8 皮砖，约 40cm 长，斜下至砖墙底部并在底部延伸与之前的 13Y 相接［图 3.66（a）］；Ⓐ轴纵墙窗 1-C1 右上角处，过梁右侧出现一条 Z 形裂缝，裂缝从过梁底部发展穿过过梁右侧并沿右边发展了约 8cm［图 3.66（b）］；①轴横墙顶层楼板处，女儿墙与楼板、楼板与二层横墙之间均出现了水平裂缝，裂缝从左边女儿墙底部水平发展，在墙中部出现转折，进而向二层楼板底部与砖墙的连接处发展，水平贯通整个墙体 [图 3.66（c）]。

图 3.65　模型 M3 在工况 S24 后的裂缝

（a）Ⓑ轴纵墙　　　　　　　　　　　　　　（b）Ⓐ轴纵墙

（c）模型 M1 的①轴横墙

图 3.66　模型 M1 在工况 S26 后的裂缝

　　模型 M3 的滑移层在门 3-M1 下方偏左的位置沿着滑移层与上圈梁的接触面发生开裂，裂缝长度约为 300mm，如图 3.67 所示。模型 M2 及 M4 仍保持完好。

图 3.67　模型 M3 在工况 S26 后的裂缝

　　（6）工况 S28-Y-M（Y 向 7.5 度中震，0.15g /0.3g）。

　　模型 M1 的 Ⓐ 轴纵墙门洞 1-M1 的过梁左下部新增一条向左边墙体发展的裂缝，裂缝从过梁下部向左下开展 2 皮砖然后向左水平发展至墙边；窗 1-C1 右下角出现一条贯通至墙边的裂缝，在纵横墙交接处宽度较为明显，并有明显错位，约 3~4mm［图 3.68（a）］；Ⓑ 轴纵墙在窗 1-C2 左下处出现多条裂缝，窗左下角 2 条裂缝近于平行发展，相隔 2 皮砖长，阶梯式向左下延伸并与底部裂缝相接；窗左下角向右 1 皮砖处沿其竖缝出现一条向右下 45° 斜向发展的裂缝，裂缝竖向通过 5 皮砖，长约 16cm［图 3.68（b）］。在横墙方面，① 轴横墙右下部，从裂缝 20Y 处出现了一条向下发展的裂缝，裂缝先竖向穿过 3 皮砖的竖缝，然后开展出 2 条裂缝并与裂缝 13Y 交叉向右边的墙角斜向发展，墙角有脱落的趋势［图 3.68（c）］。

　　模型 M3 墙角水平裂缝增多，并在 Ⓑ 轴纵墙靠近窗 3-C2 的墙角出现一条长度约为 5 皮砖的竖向裂缝，在窗 3-C2 的左下角出现一条长度约为 60mm 的 45° 斜裂缝；① 轴底层横墙上出现大量斜裂缝，并彼此相通；③ 轴底层横墙与 Ⓑ 轴相接的墙角出现角度约为 60°、过 6 皮砖的斜裂缝，并在此斜裂缝上 2 皮砖处出现一条斜裂缝与之相连；③ 轴横墙与 Ⓐ 轴相接的墙角上一条角度约为 45°、过 16 皮砖的主斜裂缝，有少量反向裂缝与之连通，如图 3.69 所示。模型 M2 及模型 M4 仍保持完好。

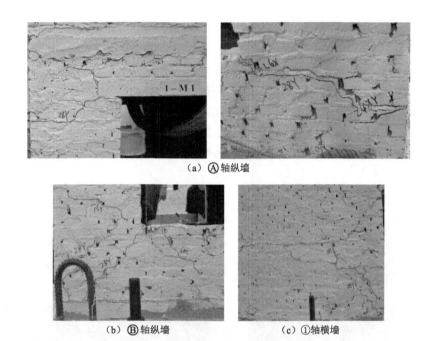

（a）Ⓐ轴纵墙

（b）Ⓑ轴纵墙　　　　　　　　　（c）①轴横墙

图 3.68　模型 M1 在工况 S28 后的裂缝

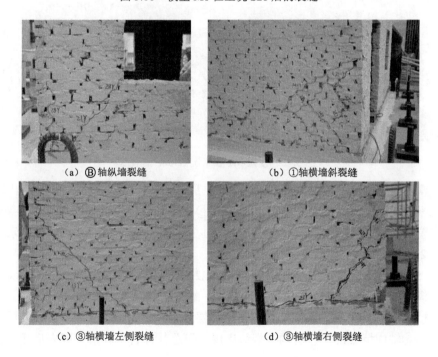

（a）Ⓑ轴纵墙裂缝　　　　　　　　　（b）①轴横墙斜裂缝

（c）③轴横墙左侧裂缝　　　　　　　　　（d）③轴横墙右侧裂缝

图 3.69　模型 M3 在工况 S28 后的裂缝

（7）工况 S30-XY-M（X、Y 向 7.5 度中震，0.15g /0.3g）。

模型 M1 的Ⓑ轴纵墙在二层窗 1-C6 左上角处出现一条沿着向左上方延伸至二层楼板底部的斜裂缝，在二层楼板左侧出现一条水平缝；一层窗 1-C3 右上角过梁底部，出现一条 45°的斜向下方裂缝并贯通至窗边墙体，而裂缝 16XY、13Y 在双向地震作用下宽度继续增大，裂缝 13Y 处外墙涂料完全剥落；在窗 1-3C 上部，砖墙与底层楼板出现了一条约 50cm 的水平裂缝。此工况后模型 M1 破坏严重，总体趋势是底层裂缝较宽，Ⓑ轴纵墙裂缝增多，①轴横墙顶层楼板裂缝贯通，如图 3.70 所示。

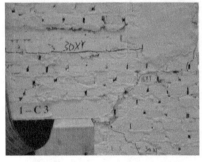

图 3.70　模型 M1 在工况 S30 后的裂缝

模型 M3 墙角裂缝继续增多，并不断扩展。③轴底层横墙第 12 皮砖处出现较长水平裂缝，并有 2 条斜裂缝与之连通；Ⓑ轴纵墙底层窗间墙出现交叉斜裂缝，且在窗 3-C3 右下角出现角度约为 45°、过 3 皮砖的斜裂缝，如图 3.71 所示。模型 M2 及模型 M4 依然无裂缝出现。

（8）工况 S34-Y-E（Y 向 7 度大震，0.22g /0.4g）。

模型 M1 及模型 M3 的裂缝不断发展，整体发生较为严重的损伤。

模型 M2 在Ⓐ轴底部纵墙出现了滑移层开裂，裂缝沿着纵墙向横墙发展，在①轴和③轴横墙底部滑移层均有裂缝出现，但总体而言滑移层开裂未形成贯通，如图 3.72 所示。

（a）①轴横墙裂缝　　　　　　　　　　　（b）Ⓑ轴纵墙裂缝

图 3.71　模型 M3 在工况 S30 后的裂缝

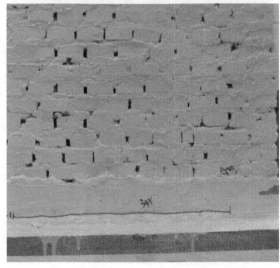

图 3.72　模型 M2 在工况 S34 后的裂缝

（9）工况 S35-Y-M（Y 向 7 度大震，0.22g /0.44g）。

模型 M1①轴横墙左下角处出现多条裂缝，裂缝均从水平裂缝向左下延展，个别裂缝宽度达到了约 3mm，左边的砖块有脱落迹象；在一层横墙右上方出现一条阶梯状斜向右下方发展的裂缝，与 20Y 相接［图 3.73（a）］。Ⓑ轴纵墙窗 1-C2 左上角处，沿着裂缝 16XY 延伸出一条斜向左墙角的裂缝，向上延伸约 3 皮砖；墙体右下角底部裂缝错位较为明显，个别裂缝错位达到 4～5mm［图 3.73（b）］。

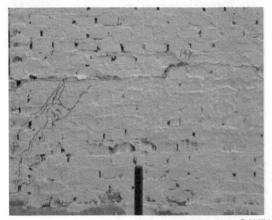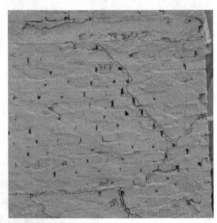

（a）①轴横墙

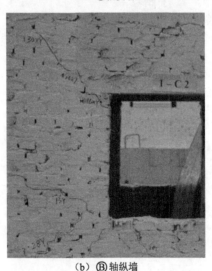

（b）Ⓑ轴纵墙

图 3.73　模型 M1 在工况 S35 后的裂缝

模型 M3 的①轴和③轴横墙斜裂缝错位明显，且①轴底层横墙靠近Ⓑ轴一端出现墙体塌落，模型失去工作能力，如图 3.74 所示。此工况后，模型 M2 及模型 M4 依然保持完好状态，模型 M1 及模型 M3 退出工作。

图 3.74　模型 M3 在工况 S35 后的裂缝

（10）工况 S37-X-E（X 向 7.5 度大震，$0.31g/0.62g$）。

模型 M2 的①轴底部横墙沿着裂缝 34Y 继续开展，并沿水平向延伸至Ⓑ轴纵墙底部［图 3.75（a）］；Ⓑ轴横墙底部滑移层也逐渐开裂，出现了较多间断的裂缝，墙体右侧裂缝沿着①轴横墙发展过来，约 40cm，其余均为近似均匀分布的短裂缝［图 3.75（b）］。模型 M4 依然保持完好状态。

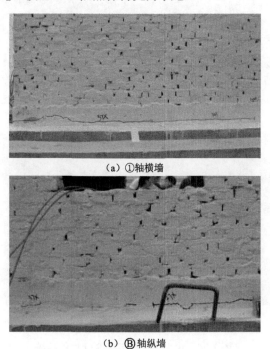

（a）①轴横墙

（b）Ⓑ轴纵墙

图 3.75　模型 M2 在工况 S37 后的裂缝

（11）工况 S39-Y-E（*X* 向 7.5 度大震，0.31*g* /0.62*g*）。

模型 M2 的Ⓑ轴纵墙底部滑移层新出现很多裂缝，裂缝贯穿整个底部，滑移层外面的涂料少量剥落［图 3.76（a）］。③轴横墙底部沿着裂缝 37X 继续延伸并贯通整个底部［图 3.76（b）］；Ⓐ轴纵墙底部裂缝 34Y 继续发展，滑移层外部涂料剥落严重［图 3.76（c）］。此工况之后，模型 M2 滑移层在所有纵横墙实现了贯通裂缝，模型 M4 保持良好。

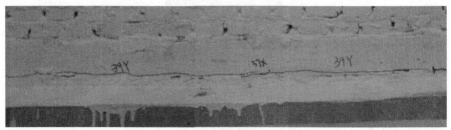

（a）Ⓑ轴纵墙

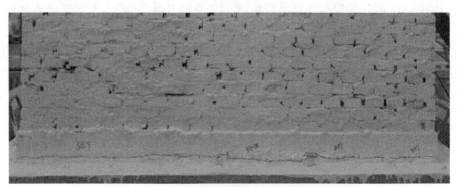

（b）③轴横墙

（c）Ⓐ轴纵墙

图 3.76　模型 M2 在工况 S39 后的裂缝

（12）工况 S43-Y-E（Y 向 8 度大震，0.4g/0.8g）。

模型 M2 上部墙体仍保持完整无裂缝状态。

模型 M4 的①轴及③轴横墙突然发生贯穿斜裂缝，裂缝自下而上，在第 13 皮砖处结束，并在 13 皮砖处发生与贯穿斜裂缝相反方向的短斜裂缝，其长度约过 6 皮砖 [图 3.77（a）和（b）]；Ⓑ轴纵墙底层楼板上部出现水平贯通裂缝，并在底层纵墙中部窗间墙也出现水平裂缝；Ⓐ轴底层纵墙靠近窗 4-C2 右下角出现 2 条角度约为 45°的平行斜裂缝 [图 3.77（c）和（d）]。

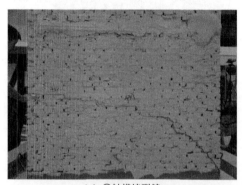
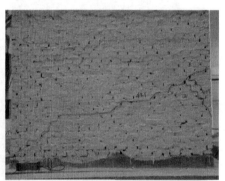

（a）①轴横墙裂缝 　　　　　　　　（b）③轴横墙裂缝

（c）Ⓑ轴纵墙裂缝 　　　　　　　　（d）Ⓐ轴纵墙裂缝

图 3.77　模型 M4 在工况 S43 后的裂缝

（13）工况 S45-X-E（X 向 8.5 度大震，0.51g /1.02g）。

模型 M2 滑移层贯通水平裂缝出现了 2~3mm 的错位，滑移层正常工作，上部结构墙体没有任何裂缝产生，如图 3.78 所示。

模型 M4 的Ⓐ轴纵墙底层窗间墙突然发生交叉斜裂缝，且门窗其他角部斜裂缝迅速发展；Ⓑ轴纵墙底层斜裂缝亦迅速开展，4-C2 窗边墙发生大位移错位，4-C3 窗边墙下部墙角大面积脱落，模型失去工作能力，退出试验，如图 3.79 所示。

（14）S47-X-E（X 向 9 大震，0.62g /1.24g）。

图 3.78　模型 M2 在工况 S45 后的裂缝

（a）Ⓐ轴纵墙裂缝　　　　　　　（b）Ⓑ轴纵墙裂缝

图 3.79　模型 M4 在工况 S45 后的裂缝

在经历过 47 个工况之后，模型 M2 的最终破坏形态如图 3.80 所示，其顶层发生严重破坏，底层完好。①轴横墙顶层楼板附近砂浆几乎全部剥落，墙体出现一道"Z"状裂缝；③轴二层右侧出现一条由板底向一层发展的斜裂缝；Ⓐ轴和Ⓑ轴纵墙顶层破坏十分严重，且破坏形态一致，在二层窗角处开展出 2 条宽度较大的裂缝，窗洞上方墙体及过梁发生塌落。

（a）①轴横墙最终破坏形态

（b）③轴横墙最终破坏形态

（c）Ⓐ轴纵墙最终破坏形态

（d）Ⓑ轴纵墙最终破坏形态

图 3.80　模型 M2 最终破坏形态

2）破坏特征分析

从上述试验现象可知，4 种模型在 47 个工况加载过程中裂缝发展、出现位置及结构整体破坏形态均存在较大差异，也体现出不同的耗能机制。破坏顺序为：普通抗震结构模型（M1）最先破坏，其次是基础滑移隔震结构模型（M3），最后是砂垫层隔震结构模型（M4）和砂垫层-基础滑移复合隔震结构模型（M2）。现将各模型破坏特征列入表 3.16，各模型最终破坏形态如图 3.81 所示。

表 3.16　模型破坏程度对比

工况	输入水平	实际输入	模型 M1	模型 M2	模型 M3	模型 M4
S13-Y-M	6 度中震 0.05g	0.1g	横墙出现水平裂缝，纵墙门窗角出现细微裂缝。模型轻微破坏	无任何裂缝。模型完好无损	横向出现细微斜裂缝。模型轻微破坏	无任何裂缝。模型完好无损
S16-XY-E	6 度中震 0.05g	0.1g	横墙裂缝贯通，门窗角裂缝增多。模型轻微破坏	无任何裂缝。模型完好无损	无新裂缝出现。模型轻微破坏	无任何裂缝。模型完好无损
S20-Y-E	7 度中震 0.1g	0.2g	水平贯通裂缝加宽，二层窗角出现裂缝，一层底部裂缝增多。模型严重破坏	无任何裂缝。模型完好无损	无新裂缝出现。模型轻微破坏	无任何裂缝。模型完好无损
S26-X-M	7.5 度中震 0.15g	0.3g	女儿墙出现水平裂缝，一层窗角裂缝贯通至底部。模型严重破坏	无任何裂缝。模型完好无损	四周墙角出现水平裂缝并扩展延伸，滑移层开裂。模型轻微损坏	无任何裂缝。模型完好无损
S28-Y-M	7.5 度中震 0.15g	0.3g	纵墙窗角出现大量裂缝，横墙角部裂缝严重。模型严重破坏	无任何裂缝。模型完好无损	墙角裂缝增多，窗角及横墙出现斜裂缝。模型中度破坏	无任何裂缝。模型完好无损
S30-XY-M	7.5 度中震 0.15g	0.3g	二层窗角破坏严重，一层窗边砖墙错位。模型严重破坏	无任何裂缝。模型完好无损	墙角裂缝增多，横墙出现水平裂缝，窗间墙出现交叉裂缝。模型中度破坏	无任何裂缝。模型完好无损
S35-Y-M	7 度大震 0.22g	0.44g	横墙裂缝严重，墙角有掉落的趋势，纵墙墙边裂缝发展迅速。模型濒临倒塌（构件撤离）	滑移层出现裂缝。模型完好无损	滑移层开裂贯通，横墙斜裂缝错位，横墙一角出现坍塌。模型破坏严重（构件撤离）	无任何裂缝。模型完好无损
S37-X-E	7.5 度大震 0.31g	0.62g	—	滑移层裂缝增多。模型完好无损	—	无任何裂缝。模型完好无损

工况	输入水平	实际输入	模型 M1	模型 M2	模型 M3	模型 M4
S39-Y-E	7.5 度大震 0.31g	0.62g	—	滑移层裂缝四周贯通。模型完好无损	—	无任何裂缝。模型完好无损
S43-Y-E	8 度大震 0.4g	0.8g	—	模型沿滑移层滑移。模型完好无损	—	横墙突然发生贯穿斜裂缝，纵墙一层楼板上部出现水平裂缝。模型中度损坏
S45-Y-E	8.5 度大震 0.51g	1.02g	—	滑移层错位 2～3mm。屋顶出现裂缝，模型中度损坏	—	窗间墙突然发生交叉裂缝，窗边墙发生大位移错位，墙角大面积坍塌（构件撤离）
S47-X-E	9 度大震 0.62g	1.24g	—	顶层破坏，顶层楼板滑出。模型倒塌	—	—

（a）普通抗震结构

（b）砂垫层-基础滑移复合隔震结构

（c）基础滑移隔震结构

（d）砂垫层隔震结构

图 3.81　模型最后破坏形态

（1）普通抗震结构模型（M1）。

在模型安装时，由于基础底板平整度有所欠缺，在进行锚栓固定基础底板时底板出现变形，使模型 M1 本身在试验前便存在初始斜拉裂缝。试验开始后，前期在地震烈度较小时，地震对模型 M1 并无明显作用；随着地震烈度的增大，在 7 度罕遇地震作用时破坏。其破坏特征主要表现为首层形成交叉裂缝的剪切型破坏，裂缝主要位于 X 向门边墙、窗间墙等刚度较小的部位，刚度较大的 Y 向仅出现个别水平贯通裂缝。由于模型未设置构造柱，底层墙角发生严重破坏，最终塌落。其地震能量主要通过结构本身的塑性变形耗散。

（2）砂垫层-基础滑移复合隔震结构模型（M2）。

在 7 度罕遇地震作用下滑移层开裂；8 度罕遇地震作用下滑移层裂缝贯通，开始发挥滑移隔震作用；在 9 度罕遇地震作用时，破坏特征主要表现为顶层楼板与纵墙墙体的水平脱离破坏及横墙的斜裂缝破坏，最终顶层横墙发生严重错位而失去承载能力。但本次试验中模型底层墙体并未发生破坏，说明滑移层及砂垫层都发挥了其作用，模型 M2 应是由于顶层的位移过大而发生破坏，反映出在滑移隔震结构中应设置一定的构造柱以确保结构的整体平动，避免在滑移过程中因位移过大出现损坏。破坏特征表明结构基本实现了预期的复合隔震效果。

（3）基础滑移隔震结构模型（M3）。

模型 M3 的破坏主要发生在 Y 向或 X、Y 双向地震波作用下，横墙上出现倒八字型的斜拉裂缝和一些水平裂缝，在地震作用不断加强的情况下，斜拉裂缝不断增多、开展及延伸造成底层的横墙墙角坍塌，进而使结构失去承载力而退出工作。纵墙墙角亦出现受拉破坏，在 X、Y 双向地震作用下窗间墙发生"X"形交叉裂缝剪切破坏。顶层由于剪力相对较小，未发生明显破坏。模型 M3 未出现预期的滑移隔震效果，其原因是本次试验工况从 6 度小震开始进行，在滑移层尚未开裂前已经历了大量的地震工况，形成了上部结构的累积损伤，且由于安装锚固带来的初始应力影响，随着地震作用强度的增加，出现了新的薄弱部位，导致滑移层未能按预期开裂工作。

（4）砂垫层隔震结构模型（M4）。

模型 M4 在 8 度大震前，依靠砂垫层的消能隔震作用，未发生破坏；在 8 度（0.4g）Y 向地震作用下，模型突然在底层横墙及纵墙上出现水平受拉裂缝，并在纵墙底层楼板处出现较长的水平裂缝；随后在 8 度（0.51g）X 向地震作用下，横墙发生剪切破坏从而使模型无法继续工作而退出试验。试验结果表明砂垫层的隔震作用在小震作用下便可以发挥。

综上所述，砂垫层-基础滑移复合隔震结构破坏形态与其他模型有较大差异，破坏阶段最晚，且为上部二层结构破坏，表明复合隔震结构隔震效果最好；同时对复合隔震结构而言，应注意保证上部结构的整体性。此外，由于基础滑移隔震结构在本次试验中因工况设置原因未能实现预期目标，在后续数据分析中将不再考虑该模型。

2. 结构动力特性分析

动力特性是结构本身的固有特性，包括自振频率、振型、阻尼比等，与模型的结构、刚度、质量分布、材料阻尼比等因素有关。可通过结构的自振频率、周期、阻尼比等动力特性来评判结构的损伤严重程度，从而验证复合隔震模型的减震效果。结构的动力特性随着输入加速度幅值的增加以及工况的变化而改变，通过白噪声激励工况下各测点的时程加速度频谱分析可得到模型结构在试验进程中的频率、阻尼情况。自振频率可由分析系统的传递函数得到，系统的传递函数与激励及反应之间存在如下关系：

$$|H(w)|^2 = S_y(w) / S_x(w) \tag{3.6}$$

式中：$H(w)$ 为传递函数；$S_y(w)$ 为结构反应的自功率谱；$S_x(w)$ 为台面输入的自功率谱。

在传递函数中，结构自振频率处将出现峰值；出现峰值处所对应的频率 w_0 即为结构的固有频率 w_0。利用半功率谱点确定阻尼比：

$$\zeta = \frac{w_2 - w_1}{2w_0} = \frac{\Delta w}{2w_0} \tag{3.7}$$

式中：w_1 和 w_2 分别为 $0.707a$（a 为功率谱峰值）坐标所对应的两个频率。

表 3.17 和表 3.18 给出了普通抗震结构（M1）、复合隔震结构（M2）和砂垫层隔震结构（M4）等 3 个模型经过不同白噪声工况扫频所得的自振频率和阻尼比，图 3.82 和 3.83 给出了 3 个模型在代表工况下 X 和 Y 向的传递函数曲线。

表 3.17　3 个模型结构自振频率　　　　　　　（单位：Hz）

工况	M1		M2		M4	
	X 向	Y 向	X 向	Y 向	X 向	Y 向
S14	14.5	36.0	14.0	8.5	16.5	7.5
S17	11.5	35.0	14.0	8.5	16.0	8.0
S22	11.00	32.50	15.50	9.5	16.50	8.50
S31	9.00	29.50	15.50	11.00	16.50	9.50
S36	—	—	14.50	8.50	15.50	7.50
S41	—	—	14.50	8.00	14.50	7.00
S44	—	—	14.00	8.00	13.00	6.50

表 3.18　3 个模型结构阻尼比

工况	M1		M2		M4	
	X 向	Y 向	X 向	Y 向	X 向	Y 向
S14	0.038	0.007	0.036	0.049	0.044	0.071
S17	0.095	0.005	0.043	0.052	0.041	0.079
S22	0.069	0.008	0.034	0.046	0.053	0.078
S31	0.071	0.007	0.032	0.036	0.031	0.062
S36	—	—	0.042	0.066	0.047	0.074
S41	—	—	0.050	0.061	0.055	0.091
S44	—	—	0.049	0.073	0.054	0.081

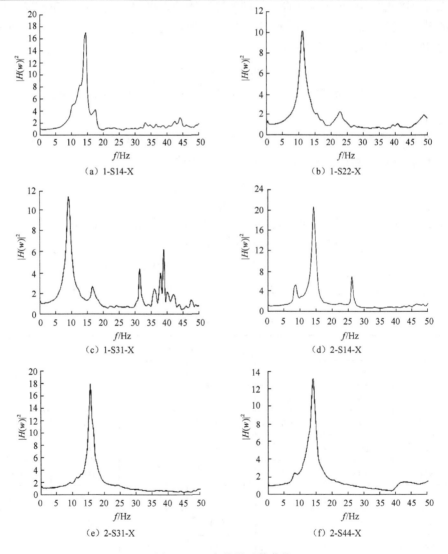

图 3.82　X 向传递函数曲线

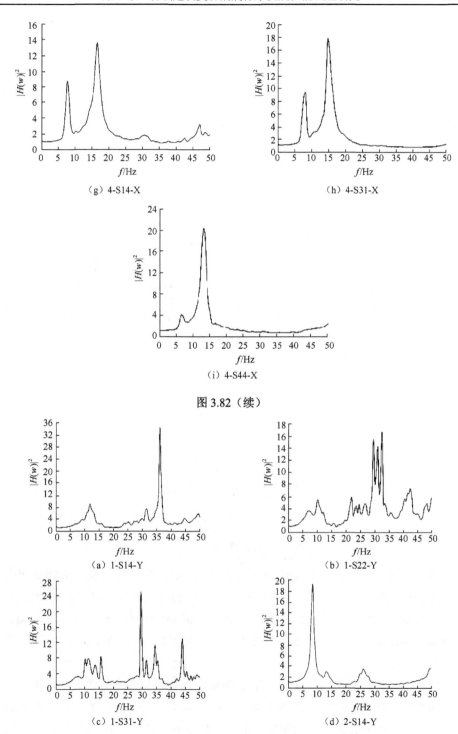

（g）4-S14-X　　　　　　　　　（h）4-S31-X

（i）4-S44-X

图 3.82（续）

（a）1-S14-Y　　　　　　　　　（b）1-S22-Y

（c）1-S31-Y　　　　　　　　　（d）2-S14-Y

图 3.83　Y 向传递函数曲线

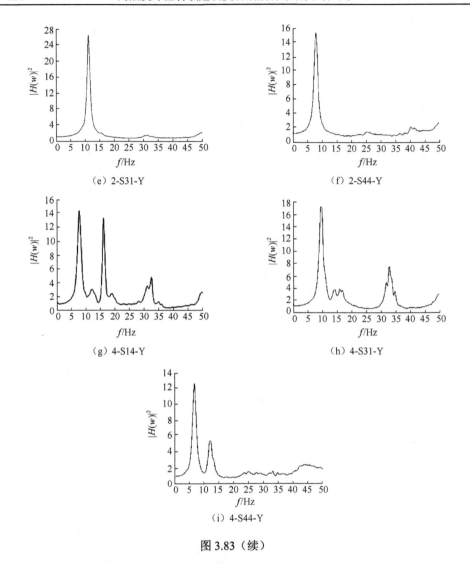

（e）2-S31-Y

（f）2-S44-Y

（g）4-S14-Y

（h）4-S31-Y

（i）4-S44-Y

图 3.83（续）

　　由于工况 S1 的振动台系统调试效果不是很好，在小震下模型的频率变化不大，故未采用该工况下的自振频率，在表 3.17 中的自振频率和表 3.18 中的阻尼比的变化反映了结构的破坏过程。由于模型 M2 和 M4 为带砂箱结构，模型 M1 不带砂箱，且在加载过程中砂垫层发挥隔震作用等因素，不带砂箱和带砂箱结构不能直接进行比较。

　　对普通抗震结构模型（M1）而言，随着输入台面加速度的增大，结构破坏程度不断加剧，导致其自振周期逐步增大，自振频率逐渐变小，其中 X 向的频率比 Y 向小，自振周期比 Y 向大，原因是 X 向开洞较多、刚度更小。对于阻尼比而言，虽由于半功率法在计算上存在一定误差，导致个别白噪声工况有所波动，但总体趋势表现为逐渐增大。自振频率和阻尼比的变化也侧面反映了结构的破坏过程，在 6 度中震后，工况 S17 所测得的自振频率比之前平均下降 11.73%，阻尼比平均增加 63.61%，纵横墙均出现了不同程度的裂缝，遭到轻微破坏；在 6 度中震 X、Y 双向地震作用后，工况 S22 所测得自振频率比之前平均下降 5.75%，阻尼比平均增加 13.99%，其变化较小，表明小振幅下模型受损较小；在经过 7 度中震、7.5 度中震的单向 X、Y 和双向 X、Y 地震作用后，模型纵横墙出现了多处裂缝，破坏较为严重，工况 S31 自振频率比之前平均下降了 13.71%，阻尼比平均增加了 6.95%。

对于带砂箱的砂垫层–基础滑移复合隔震结构模型（M2）和砂垫层隔震结构模型（M4）而言，其自振频率是先上升后下降，阻尼比基本呈增长趋势。其自振频率变化的原因是在地震作用初期，地震强度较小的情况下砂垫层会逐渐变得密实，导致带砂箱结构的整体刚度有所增大，自振周期变短，自振频率变大；而随着加荷级数增大，地震作用强度增大又导致砂垫层内部发生非线性变形耗能，导致结构整体刚度下降，自振频率变小；进入加载后期，模型 M4 出现一定程度损伤，自振频率进一步降低，阻尼比进一步增大。

此外，由于模型 M2 和 M4 为带砂箱结构，砂箱尺寸为 2950mm×2200mm×560mm，在 X 向砂箱及砂垫层刚度更大，导致带砂箱结构的 X 向频率大于 Y 向；对比模型 M2 和 M4 可见，在经过了 8 度大震后的工况 S44，模型 M2 的自振频率较模型 M4 平均大 11.36%，模型 M2 的阻尼比较模型 M4 平均小 10.66%，此时复合隔震结构基础滑移层已经开始工作，上部结构完好，而砂垫层隔震结构已经达到中度破坏，刚度出现较为明显的退化。

图 3.84 为 M1、M2、M4 等 3 个模型在代表性白噪声工况下 X、Y 向第 1 阶振型图。

从图 3.84 中可见，模型 M1 在加载初期，X、Y 向的振型基本呈剪切型，进入加载中期转变为弯曲型，进入加载后期由于底层出现较为明显的变形集中又转变为剪切型，模型 M1 在 Y 向率先出现底层大幅变形（工况 S31，底层与二层振幅比约为 1.25），表明 Y 向破坏更为严重，发生时间更早，模型 M1 的 X、Y 向高宽比分别为 1.41 和 0.88，在常规砌体结构的高宽比范围内，抗剪刚度较大，故第一振型总体呈剪切型。模型 M2 的 X、Y 向振型在加载初期基本呈剪切型，在加载中期，底层振幅变大，进入加载后期逐渐由剪切型转变为顶层层间位移更大的弯曲型，其中在 S41 工况时，振型分布接近线性分布，表明由于滑移层裂缝贯通，上部结构实现了滑动耗能。模型 M4 的 X、Y 向振型基本表现为由初期的剪切型，加载中期振型分布逐渐转化为弯曲型，最后进入破坏阶段又转变为剪切型的过程，其中在 S44 工况时底层振幅达到最大，此时结构底层出现了较为严重的刚度退化。

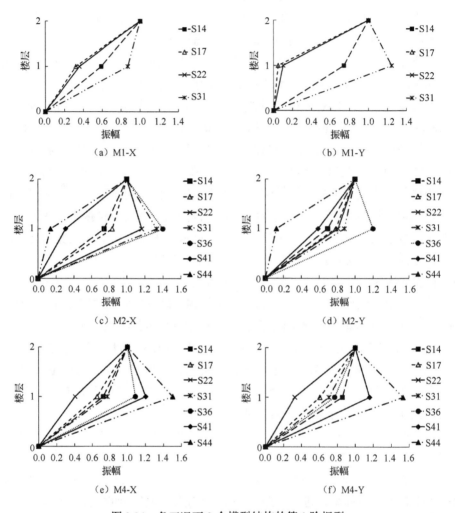

图 3.84　各工况下 3 个模型结构的第 1 阶振型

3. 加速度反应分析

1) 模型加速度反应

(1) 地震台面输出效能。

从台面到屋顶均布置了 X 方向和 Y 方向的加速度计，可以得到两个方向的地震动在各工况下各层的加速度反应。以工况 S5-X-E,X 向实际输入峰值加速度 0.1g 的地震动为例，给出了普通结构模型 X 方向由一层到二层的加速度时程曲线与台面时程曲线的对比，如图 3.85 所示。

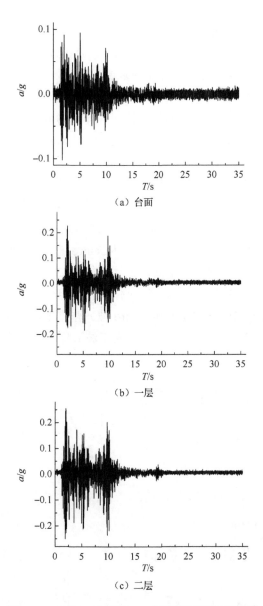

（a）台面

（b）一层

（c）二层

图 3.85 工况 S5 下模型 M1 各层加速度时程曲线

由图 3.85 中可以得到，期望输入的加速度峰值为 0.1g，台面实际测得的地震动加速度峰值为 0.096，表明震动台输入输出良好。模型 M1 一层加速度峰值为 0.23g，二层加速度峰值为 0.26g，一层、二层动力放大系数分别为 2.5、2.83，随着楼层的增高，加速度有放大的趋势。

（2）动力放大系数 β 对比分析。

此时的动力放大系数指的是在各个工况下，X 和 Y 方向的各层加速度（即在地震作用下单质点的最大水平加速度）与相应方向的台面中心加速度（即地面最大水平加速度的统计平均值）的比值。附录表 C.1～表 C.4 给出 4 个模型结构在各加载工况下 X、Y 向加速度计通道实测峰值加速度及峰值加速度放大系数的相关数据。动力放大系数可反映结构的损伤情况，即动力放大系数的变化可反映结构在震动过程中自身刚度的变化情况，从而反映了结构的损伤情况。

① 不同地震作用下各模型动力放大系数分析。

对各个模型在不同地震作用下进行动力放大系数的分析，对比各个模型在地震作用下的动力放大系数的趋势。选取单向地震动输入下 X 向和 Y 向动力放大系数绘于图 3.86，选取双向地震动输入下动力放大系数绘于图 3.87。图例的具体含义如下：前两位为地震波代码（W1 为 El-Centro 波，W3 为人工波 ACC1），字母 β 后的第一位代表方向（x 为 X 向，y 为 Y 向），第二位代表模型号（1 为模型 M1，2 为模型 M2，4 为模型 M4），第三位代表楼层号（1 为一层，2 为二层）。例如，W1-βx12 表示在地震波 1（El-Centro 波）作用下，模型 M1 第二层 X 向动力放大系数；W3-βy21 表示在地震波 3（人工波）作用下，模型 M2 第一层 Y 向动力放大系数。

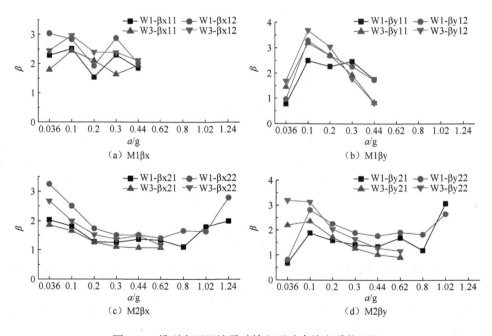

图 3.86　模型在不同地震动输入下动力放大系数对比

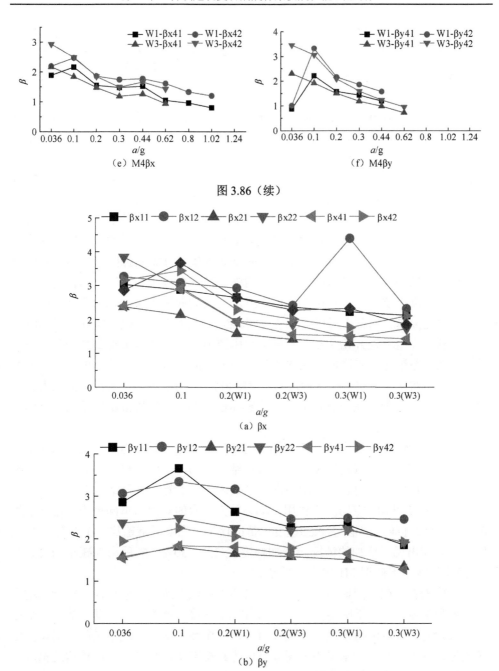

（e）M4βx　　　　　　　　　　（f）M4βy

图 3.86（续）

（a）βx

（b）βy

图 3.87　双向地震作用下动力放大系数

图 3.86 给出了模型在不同地震波输入下结构的动力放大系数曲线。从图中可见，Y 向输入曲线的规律性更为明显，与前面的试验现象分析中出现标志性破坏

主要在 Y 向输入相吻合。总体而言，3 个模型的动力放大系数表现为先增大后减小的趋势，这是由于结构在弹性阶段，随着输入地震动加速度的增加，模型加速度反应不断增大，当结构出现裂缝后，刚度下降，加速度反应又会有一定程度的降低。可得以下几点规律。

a. 模型 M1 在 6 度中震（输入加速度峰值为 0.1g）时动力放大系数曲线出现峰值后开始减少，表明结构在此时开始出现塑性破坏，结构刚度下降，动力放大系数开始减小。在 7.5 度中震水平 X 向输入时（输入加速度峰值为 0.30g），动力放大系数又出现了较大的增加，其原因是模型 M1 在此工况横墙的水平贯通裂缝间出现了明显的错动，导致该工况下的顶点加速度反应增大。

b. 模型 M2 的动力放大系数曲线总体为先增大后降低，然后保持不变，最后再增大。在 6 度中震（输入加速度峰值为 0.1g）时动力放大系数曲线出现峰值且小于模型 M1，然后开始减少，表明此时基底砂垫层开始发挥隔震作用，且随着输入地震动的增大，其隔震效果进一步增强。在 7.5 度中震（输入加速度峰值为 0.3g）到 8 度大震（输入加速度峰值为 0.8g）之间曲线平缓，此阶段基础滑移层开裂，向上传递的地震作用得到有效控制。到 8 度大震（输入加速度峰值为 0.8g）时，滑移层完全贯通开始滑动，形成复合隔震体系，隔震效果得到增强，故此时的动力放大系数进一步降低。从 8.5 度大震开始到加载末期，动力放大系数有增大趋势，如在 9 度大震水平（输入加速度峰值为 1.24g）下，二层顶端的动力系数增大近 50%，其原因是位移过大，结构整体性不够，顶层楼板出现了相对墙体的滑移。

c. 模型 M4 在 6 度中震（输入加速度峰值为 0.1g）时动力放大系数曲线出现峰值后开始减少，在试验现象上未表现出结构损伤，表明砂垫层隔震结构开始发挥作用，后期墙体出现裂缝后动力放大系数进一步下降，直至结构破坏。

从图 3.87 可知，双向地震作用下动力放大系数的规律与单向地震作用下的规律基本一致，整体上都随输入加速度峰值的增加呈先增后减趋势，在 6 度小震、6 度中震之间出现了增加的情况，增加幅度在 1%～30%，随后均为减小趋势。在 7.5 度中震水平下模型 M1 出现了反常。

总体来看，在不同地震作用下，随着输入峰值加速度的增加，各模型的动力放大系数整体上呈现下降趋势。在 6 度中震、9 度大震水平下的动力放大系数相对较大。对于采取隔震措施的结构而言，6 度中震水平下的现象是因为隔震措施未发挥作用；9 度大震水平下的现象是因为结构整体位移过大，结构构造措施不足，导致二层结构破坏造成的。

② 相同地震作用下各模型动力放大系数分析。

对比不同的模型在相同的地震作用下的动力放大系数，判断相同地震作用下各个模型动力放大系数的变化趋势。为考察相同地震作用下各模型动力放大系数对比情况，将 3 个模型在相同地震动输入下的加速度放大系数绘于图 3.88 中。从图中可以看出，相同地震动作用下，同一模型的二层动力放大系数大于一层动力放大系数；模型的二层动力放大系数大小关系反映了结构的破损及隔震体系的工作情况。在 7 度中震（实际输入 0.2g）时，模型 M1 的动力放大系数高于模型 M2和 M4，结合试验观察到模型 M1 出现一定程度损坏，模型 M2 和 M4 没有损伤，表明此时砂垫层发挥了隔震作用。在 7 度大震（实际输入 0.44g）时，两条地震波在两个方向都表现出了模型 M1 动力放大系数最大，其次是模型 M4，最小为模型 M2，而此时模型 M2 和 M4 的动力放大系数比较接近，结合模型 M2 滑移层未开裂的试验现象，表明此时体现的依然是砂垫层的隔震作用。当 7.5 度大震（实际输入 0.62g）时，模型 M2 和 M4 的动力放大系数仍然比较接近，结合试验现象中模型 M2 和 M4 上部结构均无明显损坏，以及模型 M2 滑移层裂缝基本贯通，表明此时

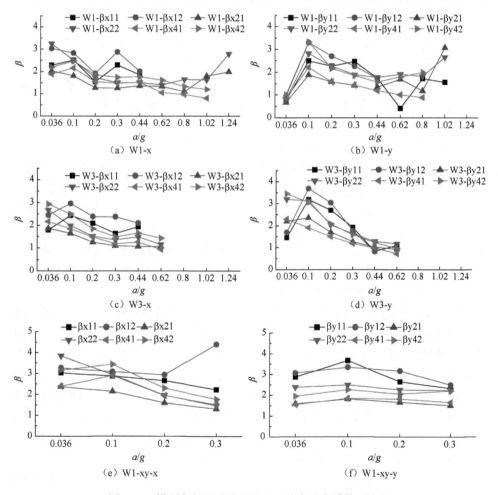

图 3.88　模型在相同地震动输入下动力放大系数对比图

两者的隔震机制已有不同。在输入强度达到 8 度大震（实际输入 0.8g）时，模型 M4 在 X 向和 Y 向的动力放大系数均出现明显下降，而模型 M2 的动力放大系数则处于平缓降低状态，验证了试验中此时砂垫层隔震结构已经出现中度破坏，结构刚度大幅降低导致动力放大系数减小，以及复合隔震结构滑移层开始工作、上部结构完好的试验现象。

2）原型加速度反应

由模型结构楼层峰值加速度和底板峰值加速度除以加速度相似系数可得原型的相应数值，从而得原型的加速度放大系数，因此原型结构和模型的加速度放大系数相同。

4. 地震作用力及层间剪力分析

1）模型地震作用力及层间剪力

计算地震作用力时，若按照《建筑抗震设计规范（2016 年版）》（GB 50011—2010）规定，作用在结构上的水平地震作用力与结构的重力荷载代表值和结构自振周期有关，但是结构的自振周期较难测得，故采用水平地震作用力等于质量与加速度的乘积，即各楼层地震作用力 $F = m \cdot a_{max}$，其中 m 为模型结构集中于一层和二层楼板处的质量，a_{max} 为该楼层处的平均峰值加速度。

再根据《建筑抗震设计规范（2016 年版）》（GB 50011—2010）求得地震下的水平和竖向地震作用力之后，将地震作用力按照倒三角形分布于建筑，从而使地震作用力上大下小。各层的地震作用力通过该层的计算高度决定，层数越高，计算高度越大，则地震作用力越大，大致呈现倒三角形。地震作用力按倒三角形分布于底层和二层，可求得层间地震剪力。由于振动台系统对天然波峰值再现能力好于人工波，且天然波的工况多于人工波，本小节只选择了天然波输入工况进行地震作用力及地震剪力分析。

（1）X 向楼层地震作用力及楼层剪力。

图 3.89 给出了 3 个模型在 X 向加载工况下 X 向楼层地震作用力，X 向层间剪力如图 3.90 所示。图中的楼层号为 0 时，模型 M1 和 M4 表示基础底面，模型 M2 表示上圈梁。从图 3.89 中可看出，楼层地震作用力可分为三个阶段：首先，在加载初期地震力较小时，二层地震作用力与一层比较接近，地震作用力基本为矩形分布；然后，随着地震作用力加大，一层与二层的地震作用力比值开始增大，其原因是一层为相对薄弱部位，其吸收地震作用力更多；最后，结构开始出现底层破坏，一层与二层的地震作用力比值减小。在模型均未退出工作的工况 S32 下，各模型地震作用力从大到小依次为模型 M1 最大，其次是模型 M4，最小为模型 M2，但模型 M4 比较接近于模型 M2。在进入加载后期的工况 S45 下，模型 M4 已经完全破坏，其刚度退化已十分严重，故其地震作用力远小于模型 M2。

从图 3.90 中可以看出，模型 M1 的楼层地震剪力在工况 S29 后大幅减少，表明结构出现较为严重破坏，在前期 3 个模型都未退出工作的相同工况下，各模型底层地震剪力从大到小依次为 M1>M4>M2。从图 3.90（d）中可见，在工况 S32 前，隔震模型 M2 和 M4 与模型 M1 的上部结构底部剪力比值均小于 1，两种隔震结构均表现出一定隔震效果。模型 M2 和 M4 在破坏工况下（模型 M2 为 S47，模型 M4 为 S45）底层剪力与模型 M1 底层剪力之比为 2.99，表明模型 M4 刚度退化更为严重。

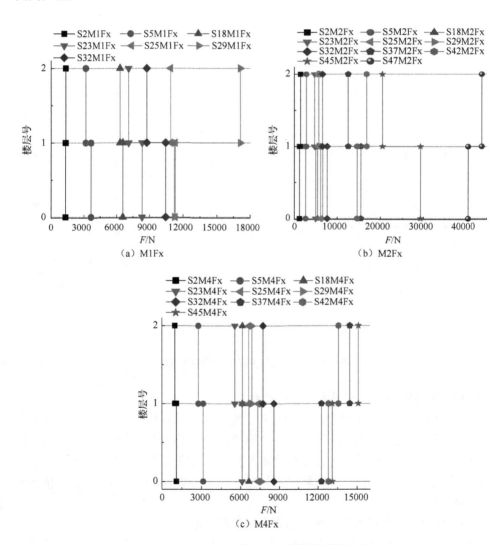

图 3.89　X 向加载工况下 X 向楼层地震作用力

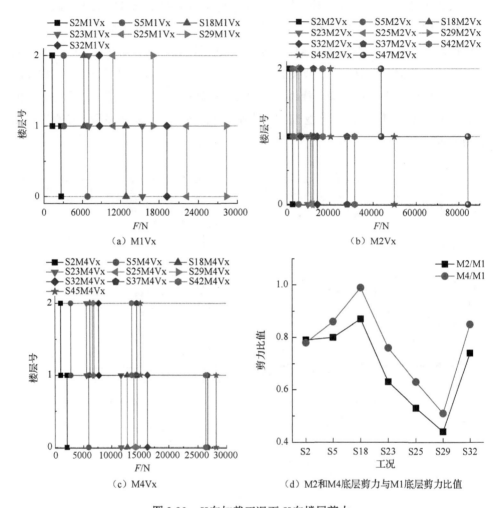

图 3.90　X 向加载工况下 X 向楼层剪力

（2）Y 向楼层地震作用力及楼层剪力。

图 3.91 给出了 3 个模型在 Y 向加载工况下 Y 向楼层地震作用力，层间剪力如图 3.92 所示。从图 3.91 中可看出，3 个模型除破坏工况外，其余工况下二层地震作用力均小于一层地震作用力。在破坏工况下，二层地震作用力明显大于一层，其原因与 X 向作用类似。在前期相同工况下，各模型地震作用力从大到小依次为 M1>M4>M2。

从图 3.92 中可以看出，在前期 3 个模型都未退出工作的相同工况下，各模型底层地震剪力从大到小依次为 M1> M4>M2。从图 3.92（d）中可见，在工况 S34 前，隔震模型 M2 和 M4 与模型 M1 的上部结构底部剪力比值均小于 1，表明有一定隔震效果。模型 M2 和 M4 在最后加载工况下底层剪力与模型 M1 底层剪力之比为 3.38，表明在 Y 向也是模型 M4 刚度退化更为严重。

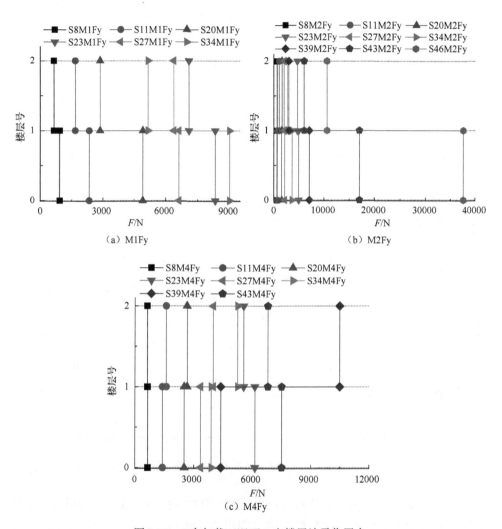

图 3.91　Y 向加载工况下 Y 向楼层地震作用力

2）原型地震作用力及楼层剪力

由动力相似关系，模型结构地震作用力和地震剪力除以 0.0625 即得原型结构地震作用力和楼层剪力。图 3.93 给出了各原型结构在工况 S32、S34（7 度大震水平）、S42 和 S43（8 度大震水平）下的地震作用力。图 3.94 给出了各原型结构在工况 S32、S34（7 度大震水平）、S42 和 S43（8 度大震水平）下的楼层剪力。

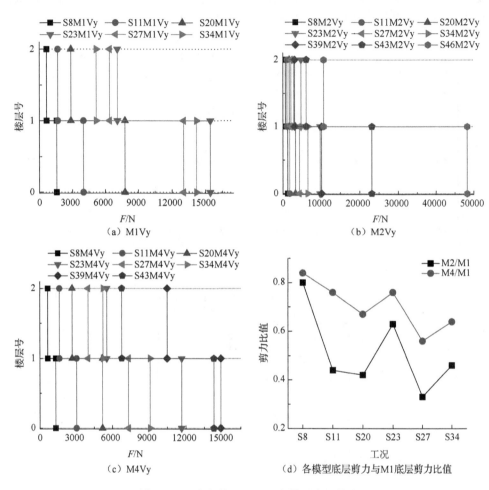

图 3.92　Y 向加载工况下 Y 向楼层底层剪力

从图 3.93 可以看出，总体而言，模型 M1 的原型结构地震作用力最大，加载前期，模型 M2 和 M4 的原型结构地震作用力比较接近，模型 M2 略小；当加载到 8 度大震（S42 和 S43）工况时，复合隔震体系开始工作，而模型 M4 出现中度破坏，表现出模型 M4 原型结构的底层地震作用力明显小于模型 M2。由图 3.94 可看出，原型结构底层剪力大于二层层间剪力，且采取隔震措施结构的底层与二层的层间剪力之差要小于普通结构。原型结构在 X、Y 向的地震作用力及层间剪力分布表明，随结构的非线性程度增加，砌体结构底层所分配到的地震作用力比例越来越大，结构底层所吸收耗散的地震能量占总体结构的比重更大。

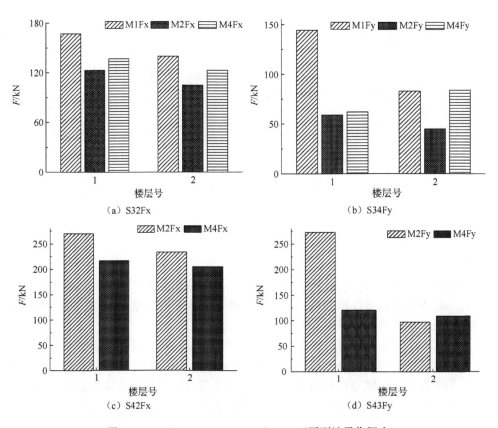

图 3.93　工况 S32、S34、S42 和 S43 下原型地震作用力

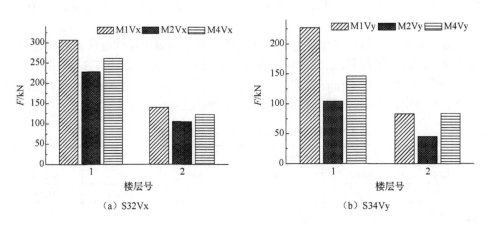

图 3.94　工况 S32、S34、S42 和 S43 下原型楼层剪力

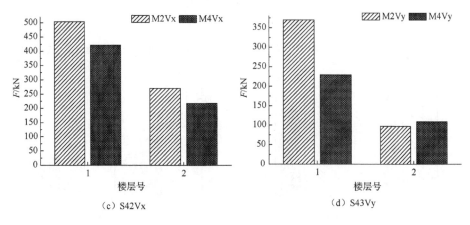

(c) S42Vx　　　　　　　　　　　　　　(d) S43Vy

图 3.94（续）

5. 位移反应分析

1）模型位移反应

通过对位移反应进行分析可以得出各种模型结构在地震作用下的变形曲线，分析判断模型结构侧向刚度变化情况、各楼层间刚度分配是否合理、有无变形集中的情况、层间位移是否符合规范限值要求。

根据实验室条件及现有设备，对模型 X 向位移进行了采集，结果见附录 D。由于位移传感器采用的是拉线式位移传感器，其在使用的过程中不能进行斜向布置、采集数据，在模型加载的过程中，Y 向地震波加载时将位移传感器的接口卸除，在 X 向地震波加载时再进行安装、采集数据。因此 Y 向地震波在加载过程中未采集数据。在加载后期，模型 M1 已发生严重破坏并退出试验，模型 M2 及模型 M4 出现不同程度的损伤，为防止模型在加载过程中突然发生倒塌而对位移传感器造成损坏，因此在工况 S32 后撤除了模型 M1 的位移计，工况 S42 后撤除了模型 M2 和 M4 的位移计。

数据分析时，从层间位移时程中得到各工况下的峰值层间位移，对峰值层间位移除以层高，可得到最大层间位移角。表 3.19～表 3.21 给出了 M1、M2、M4 等 3 个模型结构在 El-Centro 波 X 向输入下典型工况的最大层间位移和最大层间位移角。在表中，Δu 表示层间位移，θ 表示层间位移角。

表 3.19　模型 M1 最大层间位移和最大层间位移角

工况	加速度/g	Δu_{1x} /mm	Δu_{2x} /mm	θ_{1x}	θ_{2x}
S2X	0.018	0.33	0.30	1/2464	1/2480
S5X	0.05	0.34	0.34	1/2397	1/2206
S18X	0.1	1.28	0.91	1/643	1/823
S25X	0.15	2.15	1.58	1/384	1/474
S32X	0.22	2.57	2.22	1/321	1/338

表 3.20 模型 M2 最大层间位移和最大层间位移角

工况	加速度/g	Δu_{1x}/mm	Δu_{2x}/mm	θ_{1x}	θ_{2x}
S2X	0.018	0.30	0.30	1/2724	1/2465
S5X	0.05	0.47	0.41	1/1752	1/1824
S18X	0.1	0.91	0.87	1/906	1/858
S25X	0.15	0.91	1.05	1/906	1/712
S32X	0.22	1.28	1.21	1/646	1/618
S37X	0.31	1.43	1.34	1/575	1/558
S42X	0.4	1.69	1.61	1/490	1/465

表 3.21 模型 M4 最大层间位移和最大层间位移角

工况	加速度/g	Δu_{1x}/mm	Δu_{2x}/mm	θ_{1x}	θ_{2x}
S2X	0.018	0.27	0.30	1/3057	1/2476
S5X	0.05	0.34	0.27	1/2447	1/2761
S18X	0.1	1.26	0.74	1/657	1/1009
S25X	0.15	1.43	0.85	1/579	1/887
S32X	0.22	1.67	1.18	1/494	1/635
S37X	0.31	1.84	1.20	1/448	1/625
S42X	0.4	2.45	1.22	1/337	1/617

从表中可以看出以下几点规律。①随着加载级数的增加，3 个模型的层间位移呈增加趋势，在工况 S18X（7 度中震）下，根据《建筑抗震设计规范（2016 年版）》（GB 50011—2010）中 5.5.1 的要求，在进行多遇地震作用下的结构弹性变形验算时，最大层间位移角不能超过相应限值。在层间位移角大于 1/1000 时，结构进入塑形阶段。3 种结构模型的层间位移角均超过 1/1000，结构由弹性变形开始进入弹塑性阶段，但基本满足"中震可修"的要求。②普通抗震结构模型 M1 层间位移分布为一层层间位移角较二层更大，整体变形趋向于剪切型，该模型层间变形增长速度较快，在 S32X（7 度大震）工况下，结构层间位移角已接近 1/300，在窗间墙位置破坏严重，墙角有掉落趋势。③对于复合隔震结构模型 M2 和砂垫层隔震结构模型 M4 而言，进入 S18X（7 度中震）工况后，在相同工况作用下两者的层间位移角均小于模型 M1，表明砂垫层开始发挥隔震作用，复合隔震结构模型 M2 的层间位移角分布表现为二层大于一层的弯曲型，砂垫层隔震结构模型 M4 层间位移角分布表现为一层大于二层的剪切型，该位移反应特点印证了试验中观察到的模型 M2 和 M4 分别为顶层和底层破坏严重的现象。④由于复合隔震结构模型 M2 的基础滑移层在 S32X（7 度大震）时已经开始出现裂缝，实现了一定的耗能作用，此时基础滑移层已经开始工作，上部建筑处于不发生相对位移的状态，两层的层间位移角开始接近。⑤当加载级数到 S42X（8 度大震）时，

砂垫层隔震结构模型 M4 底层出现了变形集中，底层层间位移角约为二层的 2 倍，接近 1/300。

2）原型位移反应

由动力相似关系可得，位移角相似比为 1，原型层间位移角大小与模型结构相同，规律一致。原型位移值可以由模型位移除以 1/4 得到。图 3.95 给出了 3 个原型在 X 向加载工况最大层间位移及层间位移角。

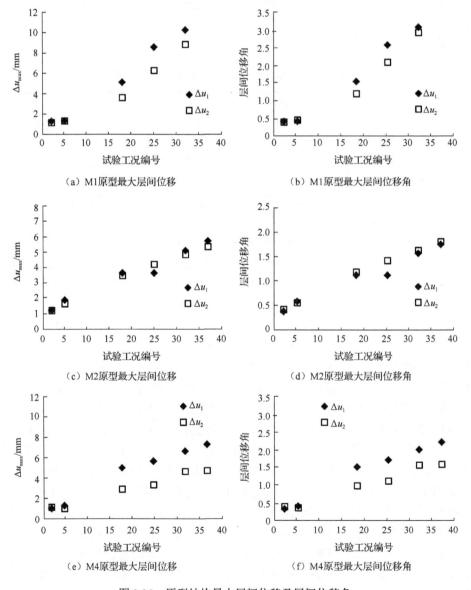

（a）M1原型最大层间位移　　　　（b）M1原型最大层间位移角

（c）M2原型最大层间位移　　　　（d）M2原型最大层间位移角

（e）M4原型最大层间位移　　　　（f）M4原型最大层间位移角

图 3.95　原型结构最大层间位移及层间位移角

从图 3.95 中可见，M1 原型结构的层间位移最大，一层层间位移大于二层，随着加载级数的增加，层间位移增长幅度加快，且一层层间位移增长速率更快，这与试验中一层破坏更为严重吻合。M2 原型结构的层间位移最小，且两层层间位移角和层间位移十分接近，表明复合隔震结构有效地改善了结构在地震作用下的变形特征，实现了上部结构滑动耗能的目的。M4 原型的层间位移小于 M1 原型但大于 M2 原型，一层层间位移大于二层，尤其在进入加载后期结构底层开始出现裂缝后，底层的层间位移增幅较大，出现了变形集中。

3.3.6　结构振动台试验结论

本节设计了 4 个砌体房屋模型，分别为普通抗震结构模型（M1）、砂垫层-基础滑移复合隔震结构模型（M2）、基础滑移隔震结构模型（M3）、砂垫层隔震结构模型（M4），并进行了 1/4 缩尺模型的振动台试验，对比分析了各模型的破坏现象，以及动力特性、加速度、位移反应等试验结果，得出以下几点结论。

（1）随着地震动加速度幅值增大，普通抗震结构模型的自振频率不断变小，结构的阻尼比不断增大；砂垫层-基础滑移复合隔震结构模型和砂垫层隔震结构模型的自振频率整体趋势是先增大后减小，阻尼比基本呈增长趋势，其原因是地震强度较小工况下砂垫层有振动变密实的阶段，导致带砂箱结构的整体刚度会有所增大，而地震作用强度进一步增大又导致砂垫层内部发生非线性变形耗能，导致结构整体刚度下降，自振频率变小。

（2）普通抗震结构模型在 7 度罕遇地震作用时破坏，其破坏特征主要体现为首层形成交叉裂缝的剪切型破坏，底层墙角发生严重破坏，最终塌落；砂垫层-基础滑移复合隔震结构模型在 7.5 度罕遇地震作用时基础滑移层裂缝贯通，9 度罕遇地震作用时破坏，破坏特征主要表现为由于顶层位移过大且缺乏构造柱约束，顶层楼板与纵向墙体间水平破坏及横墙斜裂缝破坏，底层墙体并未发生破坏，说明滑移层及砂垫层都发挥了作用，也反映出在需要考虑滑移的隔震结构中应设置一定的构造柱以确保结构的整体性，避免在滑移过程中因位移过大出现损坏；砂垫层隔震结构模型在 8 度罕遇地震作用下，模型底层横墙及纵墙上突然出现水平受拉裂缝，并在纵墙底层楼板处出现较长的水平裂缝，随后横墙发生剪切破坏。

（3）对基础滑移隔震结构，由于本次试验工况从 6 度小震开始进行，在滑移层尚未启滑前已经历经了大量的地震工况，以及试件安装中存在的初始应力等因素，导致加载过程中上部结构的累积损伤，滑移层未开裂工作。

（4）在不同地震作用下，随着输入峰值加速度的增加，各模型的动力放大系数整体上呈现下降趋势；在相同地震作用下，同一模型的二层动力放大系数大于一层动力放大系数，X 向动力放大系数小于 Y 向动力放大系数，原因是 Y 向横墙开洞少，刚度大；在砂垫层-基础滑移复合隔震结构的基础滑移层未开裂前，其动力放大系数和砂垫层隔震结构比较接近，其耗能机制为砂垫层的隔震作用；当基础滑移层开裂后，砂垫层-基础滑移复合隔震结构的动力放大系数趋于平缓，砂垫层隔震结构的动力放大系数出现明显下降，验证了试验中此时砂垫层隔震结构已经出现中度破坏，而砂垫层-基础滑移复合隔震结构滑移层错动，上部结构完好的现象。

（5）普通抗震结构在地震作用下层间位移角分布为一层较二层更大，整体变形趋向于剪切型，且层间变形增长速度较快；砂垫层-基础滑移复合隔震结构和砂垫层隔震结构的层间位移小于普通抗震结构，随着地震作用的增大，当基础滑移层开裂后，砂垫层-基础滑移复合隔震结构的层间位移角趋于平均值，分布特征变为二层层间位移略大于一层，表明结构在滑移层位置发挥了一定的消能减震作用。

（6）基底砂垫层可在地震作用相对较小时就开始发挥消能隔震的作用，降低结构的整体刚度，砂垫层-基础滑移复合隔震结构在罕遇地震作用下通过合理的滑移层布置，可以实现基底砂垫层和基础滑移层的串联复合隔震作用。

总体而言，未设置构造柱的普通抗震结构抗震性能较差，设置隔震措施的结构抗震性能较好，其中砂垫层-基础滑移复合隔震结构由于基底砂垫层和基础滑移层的联合工作，其抗震性能最优。

第4章 村镇建筑复合隔震体系
动力特征及影响因素分析

村镇建筑复合隔震体系相关静力及动力试验，对缩尺构件及结构模型在一定隔震层摩擦系数、限位装置及砂垫层构造下的隔震效果进行了评价。但由于试验条件限制，足尺模型在不同隔震层摩擦系数、砂垫层构造，以及不同烈度区下多水准复合隔震体系的工作性能及隔震效果仍需进一步研究。因此，本章采用数值模拟分析方法，采用 ABAQUS 有限元模拟软件建立、验证了合理村镇建筑复合隔震体系足尺分析模型，对不同烈度区多水准地震作用下的动力响应特征，以及不同影响因素下的隔震效果进行了扩参分析，总结并提出了复合隔震体系关键部件的参数取值范围及相关设计建议。

4.1 数值分析方法

4.1.1 ABAQUS 软件分析方法

ABAQUS 软件可以分析复杂的固体力学和结构力学系统，模拟庞大复杂的模型，处理高度非线性问题[89]。ABAQUS 软件包括一个丰富的、可模拟任意几何形状的单元库，并拥有各种类型的材料模型库，可以模拟典型工程材料的性能，其中包括金属、橡胶、高分子材料、复合材料、钢筋混凝土、可压缩超弹性泡沫材料，以及土壤和岩石等地质材料[90]。作为通用的模拟工具，ABAQUS 软件除了能解决大量结构（应力/位移）问题，还可以模拟工程领域的许多问题，例如热传导、质量扩散、热电耦合分析、声学分析、岩土力学分析（流体渗透/应力耦合分析）及压电介质分析[90]。

本章主要进行砌体结构的非线性分析，其难点在于实现砌体材料的数值模拟，而 ABAQUS 软件的丰富材料模型库和强大的非线性分析能力可以满足相应要求，故选择其作为本章的研究工具。

4.1.2 有限元模型及单元选择

砌体结构有限元分析常采用分离式、整体式这两种模型来模拟砌体模型[91]。分离式模型就是把砂浆和块体作为不同材料分别建模来考虑,考虑它们之间的相互作用,将砂浆离散于模型中[92],是一种非均质模型。分离式模型可以模拟砌块与砂浆之间的作用和砌体破坏机理,获得比较详细的块体和砂浆的应力状态,裂缝开展、分布、变形、破坏形态等力学信息,适用于模拟小型试验砌体的破坏行为,但其计算量大,建模烦琐。整体式模型基于连续及均质的假设,将砂浆和砌块作为一个整体来考虑,根据砌体名义应力-应变关系建立本构方程,其材料参数可通过力学试验获得,整体式模型能够体现砌体沿材料主轴的拉、压强度、非线性及各种应力状态下的性能[93]。目前采用整体式模型对砌体结构进行数值模拟的文献相对较多,相对试验研究积累也较充足。综上所述,本章采用整体式模型进行砌体结构中墙体的数值模拟分析。

ABAQUS 软件的非线性分析收敛性与单元划分、单元类型、收敛准则等有关。ABAQUS 软件的单元库极为丰富,研究中采用三维实体 C3D8R 单元(8 节点六面体线性减缩积分单元)来建立整体模型,包括墙体结构、楼板、圈梁、滑移层、墙下条形基础、砂垫层等。在有限元建模中,构件间的连接对分析结果影响较大,构件间连接分别采用:墙体与上层基础圈梁之间、下层基础圈梁与条基之间,以及墙体与楼板之间均采用绑定约束,绑定约束的构件间无相对运动。上圈梁与下圈梁之间采用接触约束,砂垫层和基底之间也采用接触约束。

4.1.3 本构关系及模型参数取值

1. 混凝土的本构模型

按照《混凝土结构设计规范(2015 年版)》(GB 50010—2010)[94]附录 C.2,采用单轴受压及受拉本构曲线,如图 4.1 所示。

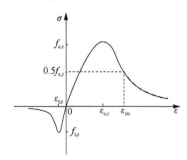

图 4.1 混凝土单轴应力-应变曲线

单轴受拉应力-应变曲线按下列公式确定：

$$\sigma = (1 - d_t)E_c\varepsilon \tag{4.1}$$

式中：

$$d_t = \begin{cases} 1 - \rho_t(1.2 - 0.2x^5) & x \leqslant 1 \\ 1 - \dfrac{\rho_t}{\alpha_t(x-1)^{1.7} + x} & x > 1 \end{cases}, \qquad x = \frac{\varepsilon}{\varepsilon_{t,r}}, \qquad \rho_t = \frac{f_{t,r}}{E_c\varepsilon_{t,r}}$$

单轴受压应力-应变曲线按下列公式确定：

$$\sigma = (1 - d_c)E_c\varepsilon \tag{4.2}$$

式中：

$$d_c = \begin{cases} 1 - \dfrac{\rho_c n}{n-1+x^n} & x \leqslant 1 \\ 1 - \dfrac{\rho_c}{\alpha_c(x-1)^2 + x} & x > 1 \end{cases}, \qquad \rho_c = \frac{f_{c,r}}{E_c\varepsilon_{c,r}},$$

$$n = \frac{E_c\varepsilon_{c,r}}{E_c\varepsilon_{c,r} - f_{c,r}}, \qquad x = \frac{\varepsilon}{\varepsilon_{c,r}}$$

由本构关系公式可以得到损伤因子的计算方程。

单轴受拉损伤方程：

$$D = \begin{cases} 0 & x \leqslant 1 \\ 1 - \sqrt{\dfrac{1}{\alpha_t(x-1)^{1.7} + x}} & x > 1 \end{cases} \tag{4.3}$$

单轴受压损伤方程：

$$D = \begin{cases} 0 & x \leqslant 1 \\ 1 - \sqrt{\dfrac{1}{\alpha_c(x-1)^2 + x}} & x > 1 \end{cases} \tag{4.4}$$

式中：

$$\alpha_t = 0.312 f_t^2, \qquad \alpha_c = 0.157 f_c^{0.785} - 0.905,$$

$$x = \frac{\varepsilon}{\varepsilon_{t,r}}, \quad \text{或} \qquad x = \frac{\varepsilon}{\varepsilon_{c,r}}$$

2. 砌体的本构模型

单轴受压是砌体结构中最为常见的受力状态。从众多文献中可以发现，在砌体结构的非线性有限元分析中使用到的代表性的单向受压应力-应变曲线有吕伟荣等[95]、庄一舟等[96]研究提出的曲线。王述红等[97]提出了用弹性损伤力学表达的弹性损伤本构关系。杨卫忠[98]假定细观单元体的破坏强度分布属于对数正态分布，利用单元体平衡条件，建立了砌体单调轴心受压时的损伤本构关系模型。图 4.2 给出了上述文献列出的常用受压本构模型对比，可以发现各个模型间主要的区别在下降段，尤其是 $\varepsilon / \varepsilon_m > 1$ 以后，杨卫忠模型更符合实际，符合砌体受压应力-应变全曲线的数学特征，能反映砌体受压过程中的刚度退化。在 ABAQUS 弹塑性时程分析中采用能反映 $\varepsilon / \varepsilon_m$ 较大时的本构关系会使计算结果更容易收敛[99]。

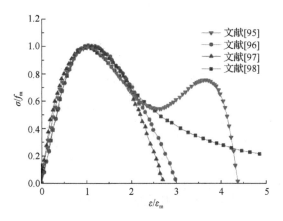

图 4.2　常见砌体受压本构模型对比

因此，本节选用杨卫忠模型作为砌体受压本构模型，取 $\eta = 1.633$，见式（4.5）。

$$\frac{\sigma}{f_m} = \frac{\eta}{1 + (\eta - 1)(\varepsilon / \varepsilon_m)^{\eta/(\eta-1)}} \cdot \frac{\varepsilon}{\varepsilon_m} \tag{4.5}$$

式中：f_m 和 ε_m 分别表示砌体的抗压强度平均值和峰值压应变；η 为初始切线模量与峰值割线模量的比值。

将 $y = \sigma / f_m$，$x = \varepsilon / \varepsilon_m$ 代入式（4.5）中，可得

$$y = \frac{\eta x}{1 + (\eta - 1)x^{\eta/(\eta-1)}} \tag{4.6}$$

根据能量等效的原理：$\sigma = E_0(1 - D)^2 \varepsilon$，砌体受压损伤因子可根据式（4.7）得出。

$$D = \begin{cases} 0 & x \leqslant 1 \\ 1 - \sqrt{\dfrac{\eta}{1 + (\eta - 1)x^{\eta/(\eta-1)}}} & x > 1 \end{cases} \tag{4.7}$$

由于砌体的轴心抗拉强度很低，其受拉破坏脆性性质显著，其破坏形式表现为灰缝开裂后砌体强度迅速下降，要通过试验获得砌体的受拉本构关系比较困难。

考虑到砌体与混凝土受拉破坏有相近之处，因此参照《混凝土结构设计规范（2015年版）》（GB 50010—2010）[94]，本节受拉本构关系如图 4.3 所示。

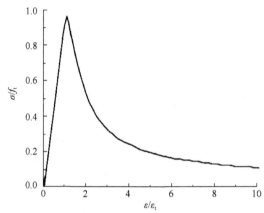

注：f_t 和 ε_t 分别表示砌体的轴心抗拉强度平均值和峰值拉应变。

图 4.3 砌体受拉本构模型

3. 砂垫层的动力本构模型

黏弹性模型和弹塑性本构模型是目前主要土体本构模型，由于黏弹性模型无法计算由塑性变形引起的永久变形，而本书需研究基底砂垫层在水平地震作用下的塑性变形特征，因此采用土体的弹塑性本构模型。目前常用的弹塑性本构模型包括摩尔-库仑（Mohr-Coulomb）模型、德鲁克-普拉格（Drucker-Prager）模型、剑桥模型、修正的 Drucker-Prager 模型等。黏土类材料可以选择 Mohr-Coulomb 模型或 Drucker-Prager 模型，而砂土类颗粒状材料最好选用 Drucker-Prager 屈服准则的弹塑性本构模型，其参数取值参照 *ABAQUS/CAE user's manual*[100]，主要包括材料的密度、材料的弹性模量、材料的泊松比，以及 Drucker-Prager 参数（黏聚力、内摩擦角、剪胀角、硬化参数）等。

4. 模型材料参数

在进行弹塑性分析时，结构构件材料性能指标须预先设定。根据《混凝土结构设计规范（2015 年版）》（GB 50010—2010）第 5.5.1 条第 2 款规定，结构弹塑性分析时，材料的性能指标宜取平均值，并宜通过试验分析确定。本章分析模型中的混凝土及砖砌体等材料参数确定如下。

1）混凝土

根据《混凝土结构设计规范（2015 年版）》（GB 50010—2010）中附录 C.2.1 规定，混凝土抗压、抗拉强度平均值 f_{cm}、f_{tm} 为

$$f_{cm} = \frac{f_{ck}}{1 - 1.645\delta_c} \tag{4.8}$$

$$f_{tm} = \frac{f_{tk}}{1 - 1.645\delta_c} \tag{4.9}$$

式中：f_{cm}、f_{ck} 分别为混凝土抗压强度的平均值、标准值；f_{tm}、f_{tk} 分别为混凝土抗拉强度的平均值、标准值；δ_c 为混凝土强度变异系数。

混凝土的弹性模量按下式计算：

$$E_c = \frac{10^5}{2.2 + \dfrac{34.7}{f_{cu,k}}} \tag{4.10}$$

本章分析模型中的圈梁及楼板等构件采用强度等级为 C20 的混凝土，由上式可得混凝土立方体轴心抗压强度平均值 f_{cm} 为 30.25MPa，弹性模量平均值为 2.98×10^4MPa。

2）砖砌体

根据《砌体结构设计规范》（GB 50003—2011）中附录 B.0.1 规定，砌体轴心抗压强度平均值为

$$f_m = k_1 f_1^a (1 + 0.07 f_2) k_2 \tag{4.11}$$

轴心抗拉强度平均值为

$$f_{t,m} = k_3 \sqrt{f_2} \tag{4.12}$$

式中：f_1^a 为块体（砖、石、砌块）的强度等级值；f_2 为砂浆抗压强度平均值；k_1、k_3 为与砌体种类有关的参数；k_2 为有关砂浆强度调整的系数。

砖砌体受压弹性模量近似取为

$$E = 370 f_m \sqrt{f_m} \tag{4.13}$$

4.1.4　破坏准则

破坏准则是结构非线性有限元分析中判断结构是否破坏的依据，破坏准则的设定是非线性有限元分析结果正确性的关键因素之一。在 ABAQUS 中，混凝土的本构模型主要有 3 种，即损伤塑性模型、弥散开裂模型和混凝土开裂模型[101]。其中，损伤塑性模型对研究地震作用下混凝土结构的抗震性能具有较普遍的适用性，能够较好地模拟混凝土及其他准脆性材料[102, 103]。因此本章采用该模型模拟混凝土和砌体材料，在弹性阶段，假定材料是线性和各向同性的，用线弹性模型描述材料的受拉、受压力学性能；在塑性阶段，假定材料主要因拉伸开裂和压缩压碎而破坏，由受拉和受压损伤参数分别控制材料的拉压行为。

4.2　建模方法验证

本节针对复合隔震体系进行弹塑性动力时程分析，主要关键点是对滑移层和基底砂垫层的模拟。对滑移隔震层而言，主要需要考虑滑移界面的接触分析；对于砂垫层的模拟，用实体单元模拟砂垫层，主要考虑砂垫层的质量、刚度及阻尼参数[104]。本节选取振动台试验进行数值分析模型验证，将数值模拟结果与试验数据进行对比，验证接触分析中参数设置的合理性，在数值模拟中建立与振动台模型相同的数值模型，数值模拟采用前面所述的本构关系和塑性损伤模型模拟试验材料。前期的拟静力研究试验结果表明，橡胶束主要在试验后期提供限位复位作用，对整体试验滑移隔震效果影响不大，故考虑到本章涉及大量的非线性计算工况，在模拟验证中为简化分析过程，未考虑橡胶束参与工作。在模型划分网格后输入与振动台试验相同幅值的地震波。振动台模型和有限元模型如图 4.4 所示。

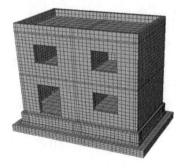

（a）振动台模型　　　　　　　　　　　（b）有限元模型

图 4.4　振动台模型和有限元模型

提取数值模拟与振动台试验的上部结构顶点加速度时程结果，进行傅里叶变换得到加速度反应谱，如图 4.5 所示。由图可见，振动台试验与数值模拟结果的加速度幅值相近，但由于振动台试验后期橡胶束限位作用，导致振动台试验得到的加速度幅值比没有考虑橡胶束作用的数值模拟加速度幅值偏小，但两者相差幅度不大，可见用界面接触模拟滑移的方法是可行的。此外，有限元软件不能模拟实际滑动过程中滑移层因挤压变形导致的摩擦系数变化；由于在实际地震输入时，地震作用持时短，滑移层滑动次数少，摩擦系数变化不大，对计算结果影响不大。

综上所述，本章模型中模拟滑移的方式是基本可行的。为了简化分析模型，减小计算难度，加快运算速度，在后续数值分析中不考虑橡胶束参与计算分析。

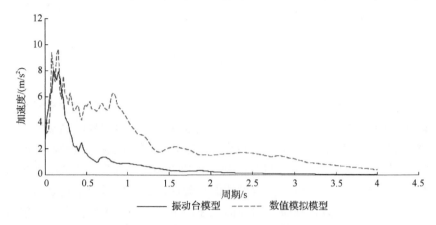

图 4.5　数值模拟与振动台试验结果的反应谱曲线

4.3　模型与分析工况建立

4.3.1　模型概况

本节以 3.3.2 节所述的原型砌体结构尺寸为参考建立 2 层砌体结构房屋分析模型，更贴近实际农居，在②轴位置布置内隔墙一道，所有墙体厚度均为 240mm，砂垫层厚取 500mm，墙体为 Mu10 烧结普通砖，砂浆强度等级 M7.5，基础采用素混凝土条基，楼板、地圈梁、基础均采用 C20 混凝土，楼面恒载取 2.0kN/m²，活载取 2.0kN/m²，场地类别为Ⅱ类，设计地震分组为第二组。图 4.6 为模型平面布置图。

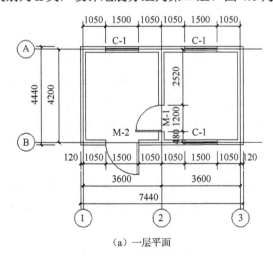

（a）一层平面

图 4.6　模型平面布置图

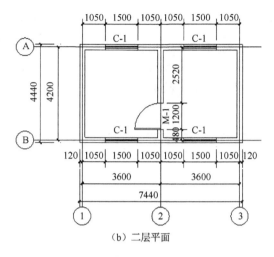

（b）二层平面

图 4.6（续）

　　由于数值模拟结构预设场地条件与振动台试验相同，本章也选取 El-Centro 和 PER00004 两组天然波和 ACC1 人工波作为输入地震波，可以满足地震波反应谱与设计反应谱在统计意义上相符。有限元模型单元、边界条件、材料参数、破坏准则等信息按照 4.1 节方法选定。

4.3.2　分析工况

　　为了验证本书提出的砂垫层-基础滑移复合隔震体系的消能减震效果，及其动力反应特征与砂垫层隔震结构和基础滑移隔震结构的差异，本书建立并分析 4 种类型的砌体结构，分别是普通抗震结构（用 MT 表示）、砂垫层隔震结构（用 MC 表示）、基础滑移隔震结构（即上下两层圈梁之间设置一道低摩阻摩擦滑移层，用 MS 表示），以及砂垫层-基础滑移复合隔震结构（即砂垫层隔震和基础滑移隔震的串联，用 MSC 表示）。

　　如第 3 章所述，砂垫层需满足地基承载力和隔震的双重要求，其材料组成已基本确定。在砂垫层的材料组成一定的条件下，影响复合隔震体系效果的因素主要为地震烈度、滑移层的摩擦系数等。为探究各因素对隔震效果的影响程度，设计地震烈度分别为 7 度（0.10g）（220Gal*，即时程分析所用地震加速度时程的最大值为 220Gal，后同）、7 度（0.15g）（310Gal）、8 度（0.20g）（400Gal）、8 度（0.30g）（510Gal）。滑移层的摩擦系数，对于 7 度（0.15g）区、8 度（0.20g）区、8 度（0.30g）区分别考虑 0.1～0.5 五种不同的摩擦系数；对于 7 度（0.10g）区，由于 7 度（0.10g）

---

* 1Gal=1cm/s²

区罕遇地震作用下水平地震影响系数最大值为 0.5，为了保证大震下滑移，摩擦系数取 0.1～0.4 四种工况。砂垫层按照《建筑地基处理技术规范》（JGJ 79—2012）[80] 换填垫层法要求采用粗砂垫层，砂垫层厚度取 500mm，粗砂与混凝土板面之间的摩擦系数约 0.6[61]。计算工况表如表 4.1 所示。

表 4.1   计算工况表

模型编号	滑移层摩擦系数	砂垫层摩擦系数	峰值加速度/Gal
MT	—	—	220,310,400,510
MC-0.6	—	0.6	220,310,400,510
MS-0.1	0.1	—	220,310,400,510
MS-0.2	0.2	—	220,310,400,510
MS-0.3	0.3	—	220,310,400,510
MS-0.4	0.4	—	220,310,400,510
MS-0.5	0.5	—	310,400,510
MSC-0.1-0.6	0.1	0.6	220,310,400,510
MSC-0.2-0.6	0.2	0.6	220,310,400,510
MSC-0.3-0.6	0.3	0.6	220,310,400,510
MSC-0.4-0.6	0.4	0.6	220,310,400,510
MSC-0.5-0.6	0.5	0.6	310,400,510

4.3.3   模态分析

在进行动力时程分析之前要先进行模态分析，对结构的自振频率、周期、振型等动力特性进行对比。本节提取结构前 3 阶的自振频率和振型。图 4.7 是 4 种模型的前 3 阶振型，表 4.2 是各模型前 3 阶模态的自振周期。从前 3 阶振型可见，4 种结构的振型分布基本一致，前 2 阶为平动，第 3 阶振型为扭转，表明结构布置规则，刚度分布较均匀。比较 4 种模型的前 3 阶自振周期可见，普通抗震结构和基础滑移隔震结构相同，其原因是在模态分析阶段，基础滑移隔震结构的滑移层尚未开始工作，等效于普通抗震结构。砂垫层隔震结构与复合隔震结构的自振周期相同，且大于普通结构和基础滑移隔震结构，其主要原因是在结构基础底部设置砂垫层，相当于增设了剪切软弱层，周期相对延长 30%左右。

表 4.2   各模型前 3 阶模态的自振周期

阶数	传统不隔震	普通摩擦滑移	砂垫层	串联复合
1	0.110	0.110	0.142	0.142
2	0.102	0.102	0.130	0.130
3	0.065	0.065	0.076	0.076

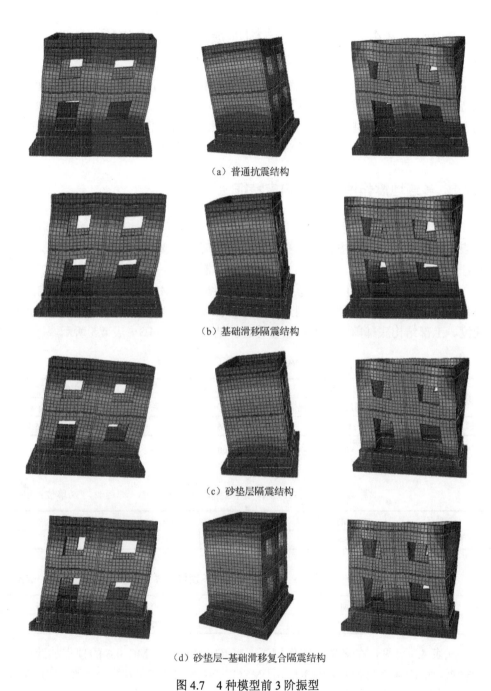

（a）普通抗震结构

（b）基础滑移隔震结构

（c）砂垫层隔震结构

（d）砂垫层–基础滑移复合隔震结构

图 4.7　4 种模型前 3 阶振型

4.4　复合隔震结构地震响应特征分析

复合隔震结构由基底砂垫层和基础滑移层串联形成，在地震作用下的动力响应特征与基础滑移隔震结构、砂垫层隔震结构均有不同。本节采用 ACC1 地震波输入，对 4 种结构模型在 8 度（0.2g）多遇地震和罕遇地震作用水准下的加速度、位移及基底剪力等响应特征进行对比分析，验证理论分析的结论。

4.4.1　多遇地震作用下动力响应特征

本章提出的复合隔震结构在小震作用下，仅砂垫层发挥隔震功效，滑移层未开裂，结构整体抗震，依赖其自身抗震能力实现"小震不坏"的设防目标。为了验证此机理，本节分别对 8 度（0.2g）多遇地震作用下普通抗震结构（MT）、砂垫层隔震结构（MC-0.6）、基础滑移隔震结构（MS-0.2）和复合隔震结构（MSC-0.2-0.6）等 4 种结构模型进行了弹塑性动力时程反应分析，得出了顶点加速度、上部结构底部剪力和顶层位移等计算结果，如表 4.3～表 4.5 所示。

表 4.3　ACC1 波作用下顶点加速度

项目	MT	MC-0.6		MS-0.2		MSC-0.2-0.6	
	加速度/Gal	加速度/Gal	隔震率/%	加速度/Gal	隔震率/%	加速度/Gal	隔震率/%
顶点	172	147	14.5	166	3.5	144	16.3

注：隔震率=$\frac{普通结构地震响应-隔震结构地震响应}{普通结构地震响应}$×100%。

表 4.4　ACC1 波作用下上部结构底部剪力　　　　（单位：kN）

项目	MT	MC-0.6	MS-0.2	MSC-0.2-0.6
上部结构底部剪力	154.6	130.9	158.7	124.5

表 4.5　ACC1 波作用下顶层位移　　　　（单位：mm）

项目	MT	MC-0.6	MS-0.2	MSC-0.2-0.6
顶层位移	0.73	0.70	0.72	0.66

从表 4.3 可见，在多遇地震作用下，MSC-0.2-0.6 和 MC-0.6 的顶点加速度比较接近，而 MS-0.2 与 MT 更为接近，且 MSC-0.2-0.6 和 MC-0.6 的隔震率约为15%，MS-0.2 几乎没有隔震效果。这表明复合隔震结构和砂垫层隔震结构在多遇地震下可以实现消能减震的目的，且其隔震机理均表现为砂垫层内部的塑性变形和阻尼

耗能，而此时滑移层尚未开始工作，故基础滑移隔震结构未表现出消能减震作用。从表 4.4 的上部结构底部剪力计算结果可以得出类似结论，即砂垫层隔震结构和复合隔震结构的底部剪力小于普通抗震结构和滑移隔震结构。从表 4.5 的结构顶层位移可见，4 种结构位移反应比较接近，表明在多遇地震作用下，隔震结构底部未出现滑移。综上，多遇地震下的动力时程分析结果验证了第 2 章提出的复合隔震结构的工作原理。

4.4.2　罕遇地震作用下动力响应特征

在罕遇地震作用下，复合隔震结构的设想工作原理为：两层基础圈梁中部的滑移层开裂，圈梁一分为二，主体结构随上层圈梁一起整体滑动，橡胶束发生剪切变形，滑移隔震层开始工作，砂隔震垫层和基础滑移层形成串联复合隔震体系共同消能减震，有效减轻上部结构损伤。为验证工作原理，以及进一步研究复合隔震结构的顶点加速度、层间位移、底部剪力等地震响应特征，本章继续对普通抗震结构（MT）、砂垫层隔震结构（MC-0.6）、基础滑移隔震结构（MS-0.2）以及复合隔震结构（MSC-0.2-0.6）等 4 种结构模型进行 8 度（0.2g）罕遇地震作用下的动力时程反应分析，如表 4.6～表 4.8 所示。

表 4.6　ACC1 波作用下顶点加速度

项目	MT	MC-0.6		MS-0.2		MSC-0.2-0.6	
	加速度/Gal	加速度/Gal	隔震率/%	加速度/Gal	隔震率/%	加速度/Gal	隔震率/%
顶点	991	786	20.69	582	41.27	526.8	43.21

表 4.7　ACC1 波作用下上部结构底部剪力　　　（单位：kN）

项目	MT	MC-0.6	MS-0.2	MSC-0.2-0.6
上部结构底部剪力	748	584.5	341.2	329.4

表 4.8　ACC1 波作用下关键部位位移　　　（单位：mm）

项目	MT	MC-0.6	MS-0.2	MSC-0.2-0.6
顶点位移	4.67	5.35	101.97	70.97
一层板顶位移	2.89	3.79	101.5	70.6
上部结构滑移	—	—	101	70
基底滑移	—	1.98	—	0.10

对表 4.6～表 4.8 给出的地震响应结果综合分析可得以下几点结论。①从表 4.6 可以看出，在罕遇地震作用下，MSC-0.2-0.6 和 MC-0.6 的顶点加速度比较接近且小于 MC-0.6，3 种隔震结构均表现出一定的加速度隔震效果，表明基础滑移层实

现了启滑工作的目的，其中复合隔震结构和基础滑移隔震结构的隔震率达到40%以上，优于砂垫层隔震结构，表 4.7 中给出的上部结构底部剪力结果可以得出类似结论。②从表4.8可见，复合隔震结构的基底位移几乎为0，验证了理论分析中得出的村镇建筑复合隔震结构基底不滑移的结论。③MS-0.2 和 MSC-0.2-0.6 的顶点位移与一层板顶位移基本相同，且几乎等于上部结构的滑移位移，表明复合隔震结构和基础滑移隔震结构在罕遇地震下实现了整体平移滑动，没有层间变形出现，则结构基本不会发生损伤。④结合表 4.6 和表 4.8 可知，MSC-0.2-0.6 与 MS-0.2 的顶点加速度比较接近，但顶点位移更小，表明复合隔震结构在获得与基础滑移隔震结构相同加速度隔震率的时候，滑移位移更小，验证了第 2 章理论分析中的结论，即复合隔震结构因基底置换砂垫层，使结构阻尼进一步增大，相对基础滑移隔震结构，其加速度和位移反应都将得到一定程度降低，而位移反应降低更为明显。因此，在滑移层构造相同的条件下，复合隔震结构的优势在于可以降低对限位装置剪切变形能力的要求。

为更直观地观察隔震结构的隔震效果，图4.8 和图4.9 分别给出了各种结构模型的损伤云图以及能量耗散分布。

从损伤云图和能量平衡图可见，普通抗震结构损伤程度最为严重，主要在门窗洞口角部出现较多斜裂缝，其能量耗散主要形式为黏性滞回耗能和塑性耗能；砂垫层隔震结构也出现了一定程度的损伤，但程度轻于普通抗震结构；而复合隔

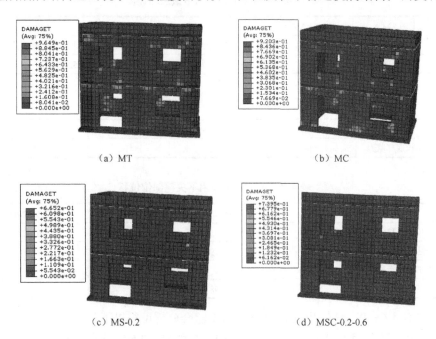

（a）MT　　　　　　　　　　　　　　　（b）MC

（c）MS-0.2　　　　　　　　　　　　（d）MSC-0.2-0.6

图4.8　各种结构模型的损伤云图

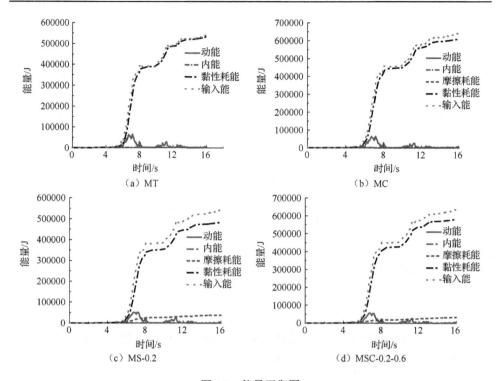

（a）MT　　　　　　　　　　　（b）MC

（c）MS-0.2　　　　　　　　　（d）MSC-0.2-0.6

图 4.9　能量平衡图

震结构和基础滑移隔震结构均未出现明显的损伤，处于弹性状态。能量平衡图中也出现明显的摩擦耗能，与黏性耗能一起成为能量耗散的主体。

此外，图 4.10 给出了振动台试验中普通抗震结构在工况 S35（试件破坏），以及砂垫层隔震结构在工况 S43（8 度大震）下的破坏形态，可见与数值模拟结果基本吻合。

（a）普通抗震结构纵墙裂缝　　　　　　（b）砂垫层隔震结构纵墙窗下角裂缝

图 4.10　振动台试验结构损伤

4.5　复合隔震结构影响因素分析

如前文所述，在砂垫层材料组成一定的条件下，基于村镇建筑上部结构与基础部分的质量比，影响复合隔震体系隔震效果的因素主要为输入地震强度和滑移层的摩擦系数。为探究各因素对隔震效果的影响程度，本节将对在烈度分别为 7度（0.10g）（220Gal）、7度（0.15g）（310Gal）、8度（0.20g）（400Gal）、8度（0.30g）（510Gal）的 4 种罕遇地震作用下，滑移层的摩擦系数分别为 0.1、0.2、0.3、0.4、0.5 等 5 种工况进行分析，研究烈度、摩擦系数对体系隔震效果的影响。

4.5.1　罕遇地震作用下各模型结构动力响应

1. 加速度反应

采用 ACC1、El-Centro 和 PER00004 三条地震波按不同烈度调幅输入后各计算工况的顶点加速度及隔震率如表 4.9～表 4.11 所示。

表 4.9　ACC1 波作用下顶点加速度及隔震率

模型 工况	7 度（0.10g）		7 度（0.15g）		8 度（0.20g）		8 度（0.30g）	
	加速度/Gal	隔震率/%	加速度/Gal	隔震率/%	加速度/Gal	隔震率/%	加速度/Gal	隔震率/%
MT	579	0.00	810	0.00	991	0.00	1053.82	0.00
MC-0.6	524	9.50	697	13.95	786	20.69	786.50	25.37
MS-0.1	240.5	58.46	284.3	64.90	357.1	63.97	434.63	58.76
MS-0.2	399.2	31.05	555	31.48	562.8	43.21	687.86	34.73
MS-0.3	485	16.23	532	34.32	676.1	31.78	680.00	35.47
MS-0.4	500	13.64	590	27.16	689.7	30.40	824.57	21.75
MS-0.5	—	—	621	23.33	729.8	26.36	842.61	20.04
MSC-0.1-0.6	237	59.07	343	57.65	412	58.43	374.45	64.47
MSC-0.2-0.6	398	31.26	503	37.90	582	41.27	610.30	42.09
MSC-0.3-0.6	466	19.52	568	29.88	657	33.70	690.79	34.45
MSC-0.4-0.6	496	14.34	620	23.46	691	30.27	772.23	26.72
MSC-0.5-0.6	—	—	629	22.35	724	26.94	816.39	22.53

表 4.10　El-Centro 波作用下顶点加速度及隔震率

| 模型 | 7 度（0.10g） | | 7 度（0.15g） | | 8 度（0.20g） | | 8 度（0.30g） | |
工况	加速度/Gal	隔震率/%	加速度/Gal	隔震率/%	加速度/Gal	隔震率/%	加速度/Gal	隔震率/%
MT	569	0.00	802	0.00	1036	0.00	1115.28	0.00
MC-0.6	537	5.62	689	14.09	859	17.08	971.965	12.85
MS-0.1	240.7	57.70	260.6	67.51	273	73.65	356.681	68.02
MS-0.2	430	24.43	518	35.41	580.2	44.00	680.763	38.96
MS-0.3	545.2	4.18	639.8	20.22	661.8	36.12	819.73	26.50
MS-0.4	556.6	2.18	747.7	6.77	829.2	19.96	902.762	19.06
MS-0.5	—	—	745	7.11	972.2	6.16	1012.39	9.23
MSC-0.1-0.6	262	53.95	308	61.60	318	69.31	327.878	70.60
MSC-0.2-0.6	439	22.85	477	40.52	575	44.50	606.273	45.64
MSC-0.3-0.6	463	18.63	598	25.44	603	41.80	688.983	38.22
MSC-0.4-0.6	491	13.71	600	25.19	773	25.39	811.619	27.23
MSC-0.5-0.6	—	—	630	21.45	802	22.59	992.979	10.97

表 4.11　PER00004 波作用下顶点加速度及隔震率

| 模型 | 7 度（0.10g） | | 7 度（0.15g） | | 8 度（0.20g） | | 8 度（0.30g） | |
工况	加速度/Gal	隔震率/%	加速度/Gal	隔震率/%	加速度/Gal	隔震率/%	加速度/Gal	隔震率/%
MT	704	0.00	970	0.00	1140	0.00	1278.79	0.00
MC-0.6	669	4.97	830	14.43	1040	8.77	1049.60	17.92
MS-0.1	247	64.91	312.2	67.81	372.4	67.33	457.48	64.23
MS-0.2	473.7	32.71	551.3	43.16	603.7	47.04	711.14	44.39
MS-0.3	607.5	13.71	650	32.99	693.2	39.19	802.34	37.26
MS-0.4	691.8	1.73	777.6	19.84	833.4	26.89	833.85	34.79
MS-0.5	—	—	891.6	8.08	1018	10.70	1120.12	12.41
MSC-0.1-0.6	346	50.85	389	59.90	419	63.25	453.07	64.57
MSC-0.2-0.6	469	33.38	521	46.29	565	50.44	649.20	49.23
MSC-0.3-0.6	556	21.02	613	36.80	680	40.35	787.54	38.42
MSC-0.4-0.6	573	18.6	708	27.01	808	29.12	918.67	28.16
MSC-0.5-0.6	—	—	820	15.46	907	20.44	1091.37	14.66

2. 上部结构底部剪力反应

采用 ACC1、El-Centro 和 PER00004 三条地震波按不同烈度调幅输入后各计算工况的上部结构底部剪力如表 4.12～表 4.14 所示。

表 4.12　ACC1 波作用下上部结构底部剪力　　　　（单位：kN）

模型工况	7度（0.10g）	7度（0.15g）	8度（0.20g）	8度（0.30g）
MT	446.5	620.1	748	858.90
MC-0.6	417.7	519.5	584.5	584.50
MS-0.1	201.9	172	251.9	255.10
MS-0.2	271.5	313.4	341.2	338.10
MS-0.3	323.4	378.1	475.3	420.40
MS-0.4	426	473	561	493.80
MS-0.5	—	548.4	561.5	641.10
MSC-0.1-0.6	144.6	156.1	180.1	191.20
MSC-0.2-0.6	230.9	281.7	329.4	302.20
MSC-0.3-0.6	312.7	323.7	413.7	373.70
MSC-0.4-0.6	357.8	409.2	451.2	459.10
MSC-0.5-0.6	—	430.4	490.7	555.30

表 4.13　El-Centro 波作用下上部结构底部剪力　　　　（单位：kN）

模型工况	7度（0.10g）	7度（0.15g）	8度（0.20g）	8度（0.30g）
MT	347.9	478.8	599.9	726.8
MC-0.6	401.5	479.3	530	576.6
MS-0.1	161.8	195.8	240.5	216.2
MS-0.2	221.3	276.8	301	371.7
MS-0.3	325	360	374.5	374
MS-0.4	364.4	462.8	451.8	515.9
MS-0.5	—	472	528.1	539.5
MSC-0.1-0.6	142.7	164.1	170.6	193.7
MSC-0.2-0.6	236.7	251	295.9	319.6
MSC-0.3-0.6	301.5	338.6	333.5	383.5
MSC-0.4-0.6	350.6	390.4	419.6	467.5
MSC-0.5-0.6	—	420.3	457.9	523.2

表 4.14　PER00004 波作用下上部结构底部剪力　　　　（单位：kN）

模型工况	7度（0.10g）	7度（0.15g）	8度（0.20g）	8度（0.30g）
MT	506.6	692.5	839.5	905.00
MC-0.6	504.7	564.7	593.4	664.00
MS-0.1	224.5	224.2	251.2	265.10
MS-0.2	309.6	355.5	395.9	407.30

模型工况	7 度（0.10g）	7 度（0.15g）	8 度（0.20g）	8 度（0.30g）
MS-0.3	377.5	411.2	417.5	459.60
MS-0.4	437.7	482	543	589.50
MS-0.5	—	557.6	584.7	652.40
MSC-0.1-0.6	176.7	187.9	207.9	259.80
MSC-0.2-0.6	292.3	373	432.3	435.60
MSC-0.3-0.6	320.7	446.5	412.2	509.50
MSC-0.4-0.6	425.2	428.4	485.7	472.50
MSC-0.5-0.6	—	492.9	543.8	597.70

3. 位移反应

采用 ACC1、El-Centro 和 PER00004 三条地震波按不同烈度调幅输入后各计算工况的滑移层位移幅值、一层顶位移幅值和顶点位移幅值如表 4.15～表 4.17 所示，在表中分别以 0、1 和 2 代替。

表 4.15　ACC1 波作用下关键点位移幅值　　（单位：mm）

模型工况	7 度（0.10g）			7 度（0.15g）			8 度（0.20g）			8 度（0.30g）		
	0	1	2	0	1	2	0	1	2	0	1	2
MT	—	1.13	1.93	—	1.93	3.14	—	2.89	4.67	—	4.08	6.49
MC-0.6	—	1.58	3	—	4.78	5.84	—	8.31	9.55	—	6.42	7.85
MS-0.1	55.6	85.76	86	147.95	298.1	298.2	243.1	550	550.2	356.8	857.01	857.12
MS-0.2	4.54	5.1	5.5	28.63	29.2	29.6	101	101.5	101.97	226.7	327.05	327.38
MS-0.3	1.49	2.21	2.76	6.3	7.09	7.8	17.8	18.48	19.2	72	72.78	73.63
MS-0.4	0.4	1.41	2.25	2.42	3.52	4.23	7	8.2	9.15	20	20.69	21.71
MS-0.5	—	—	—	0.83	2.54	3.6	3.44	5.13	6.23	9.13	10.45	11.66
MSC-0.1-0.6	58.9	59.2	59.5	233.88	244.2	244.4	170	170	171	283.8	280.07	280.26
MSC-0.2-0.6	3.1	3.81	4.34	17.24	18	18.6	70	70.8	71.1	135.2	135.76	135.89
MSC-0.3-0.6	0.65	1.75	2.7	3.84	5.5	6.2	10.55	12.75	13.63	49.5	50.53	51.49
MSC-0.4-0.6	0.26	1.63	2.64	0.99	4.43	5.3	6.42	7.9	8.94	14.9	13.75	14.91
MSC-0.5-0.6	—	—	—	0.39	4.23	5.2	0.87	7.04	8.27	2.58	6.91	8.22

表 4.16　El-Centro 波作用下关键点位移幅值　　　　（单位：mm）

| 模型 | 7 度（0.10g） | | | 7 度（0.15g） | | | 8 度（0.20g） | | | 8 度（0.30g） | | |
工况	0	1	2	0	1	2	0	1	2	0	1	2
MT	—	0.81	1.38	—	1.15	1.91	—	1.74	2.7	—	2.32	3.51
MC-0.6	—	1.77	2.67	—	3.02	4.21	—	5.48	6.91	—	4.36	5.38
MS-0.1	23.85	24.1	24.25	69.10	69.3	69.5	126.62	126.8	126.9	196.70	196.88	196.97
MS-0.2	1.86	2.37	2.65	13.00	13.52	13.93	34.90	35.41	35.72	75.70	76.21	76.61
MS-0.3	0.61	1.22	1.84	2.59	3.12	3.55	9.75	9.49	9.93	30.40	30.82	31.34
MS-0.4	0.22	1.02	1.69	1.00	1.62	2.49	2.67	3.83	4.45	11.50	10.32	10.92
MS-0.5	—	—	—	0.36	1.46	2.36	1.29	2.18	3.39	3.48	5.08	5.94
MSC-0.1-0.6	18.00	22.3	22.5	63.23	63.5	63.7	117.20	117.4	117.6	184.30	184.6	184.7
MSC-0.2-0.6	1.57	3.17	3.51	12.01	12.56	13.1	32.80	33.2	33.65	66.50	67.23	67.75
MSC-0.3-0.6	0.36	1.82	2.46	2.35	3.44	3.96	8.72	10.4	10.9	30.37	31.24	31.73
MSC-0.4-0.6	0.09	1.68	2.49	0.51	3.57	4.54	2.33	4.65	5.81	10.92	13.16	13.88
MSC-0.5-0.6	—	—	—	0.15	3.11	4.1	1.02	5.72	7.03	2.12	6.17	7.24

表 4.17　PER00004 波作用下关键点位移幅值　　　　（单位：mm）

| 模型 | 7 度（0.10g） | | | 7 度（0.15g） | | | 8 度（0.20g） | | | 8 度（0.30g） | | |
工况	0	1	2	0	1	2	0	1	2	0	1	2
MT	—	1.13	2.24	—	1.9	3.23	—	3.09	4.52	—	3.77	5.99
MC-0.6	—	1.98	4.83	—	8.54	9.7	—	14.78	16.2	—	6.73	8.12
MS-0.1	11.90	12.08	12.3	23.52	23.8	24	49.77	50	50.3	90.00	85.44	85.58
MS-0.2	5.00	5.47	6	9.39	9.95	10.33	20.60	21	21.2	37.90	38.35	38.60
MS-0.3	1.40	2.15	2.78	6.89	7.6	8.31	12.00	12.6	13.2	22.80	20.50	20.82
MS-0.4	0.90	1.95	2.73	3.53	3.54	4.44	9.59	10.5	11.52	15.80	16.33	17.05
MS-0.5	—	—	—	1.50	3.11	4.27	2.78	4.49	5.9	9.46	11.01	12.53
MSC-0.1-0.6	8.50	8.81	9.2	21.60	21.93	22.2	48.30	48.63	48.9	85.10	90.56	90.92
MSC-0.2-0.6	2.80	3.52	4.2	8.80	10.6	10.9	16.80	18.4	18.57	24.20	24.72	24.97
MSC-0.3-0.6	1.20	3.28	5.1	4.82	8.23	8.99	7.34	11.56	12.28	20.00	23.57	23.99
MSC-0.4-0.6	0.80	3.86	4.9	2.80	8.43	9.46	5.77	12.1	13	12.56	11.57	12.56
MSC-0.5-0.6	—	—	—	1.31	7.6	8.87	2.70	10.9	12.49	3.60	6.30	7.92

4.5.2　地震烈度对隔震效果的影响

1. 地震烈度对隔震结构加速度反应影响

从表 4.9～表 4.11 可以看出，在 3 条地震波输入下，顶点加速度幅值计算结果趋势大致相同，图 4.11 给出了当滑移层摩擦系数一定（取摩擦系数为 0.2）时，地震烈度对隔震结构的隔震效果影响规律。从图中可见，随着地震烈度的增大，3 种结构的隔震率有所提高，复合隔震结构（MSC-0.2-0.6）和基础滑移隔震结构

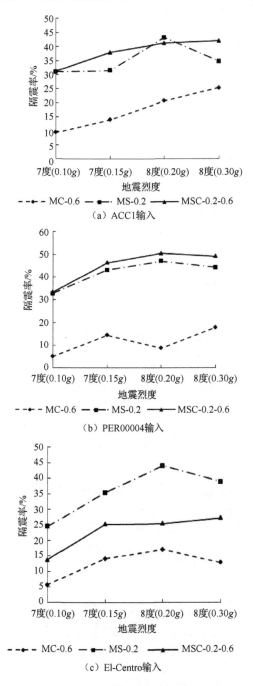

（a）ACC1输入

（b）PER00004输入

（c）El-Centro输入

图 4.11 地震烈度对隔震效果影响

（MS-0.2）加速度隔震效果比较接近。总体而言，复合隔震结构（MSC-0.2-0.6）的加速度隔震效果略微优于基础滑移隔震结构（MSC-0.2），砂垫层隔震结构（MC-0.6）的加速度隔震效果最差。

2. 地震烈度对隔震结构底部剪力反应影响

从表 4.12～表 4.14 可以看出，在 3 条地震波输入下，结构底部剪力反应幅值计算结果趋势大致相同，图 4.12 给出了当滑移层摩擦系数一定时（取摩擦系数为0.2），地震烈度对上部结构底部剪力的影响规律。从图中可见，普通抗震结构（MT）上部结构底部剪力增长接近线性增加，复合隔震结构（MSC-0.2-0.6）和基础滑移隔震结构（MS-0.2）的曲线分布区间比较接近，且大幅小于普通抗震结构（MT），表明滑移隔震可以大幅降低上部地震作用，且后期随烈度增长其变化幅度不大，即向上传递的地震作用主要由滑动摩擦控制。随烈度增加，砂垫层隔震结构（MC-0.6）相对普通抗震结构（MT）上部结构底部剪力减小幅度增大。

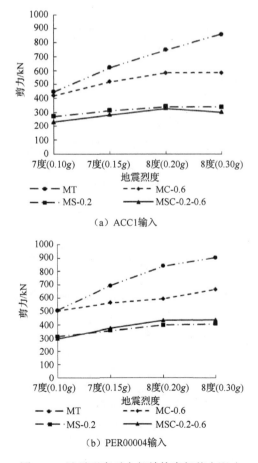

（a）ACC1输入

（b）PER00004输入

图 4.12　地震烈度对上部结构底部剪力影响

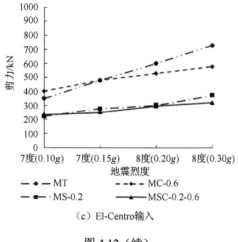

（c）El-Centro输入

图 4.12（续）

3. 地震烈度对隔震结构位移反应影响

从表 4.15～表 4.17 可以看出，在 3 条地震波输入下，结构位移反应幅值计算结果趋势大致相同，图 4.13 给出了 ACC1 波输入下，地震烈度对复合隔震结构（MSC-0.2-0.6）位移反应的影响规律。从图中可见，随着地震烈度的增加，上部结构的滑移量明显增大，当地震作用为 8 度（0.30g）时滑移量达到 135mm，已超过限位橡胶束变形能力，表明基于本书提出的限位装置，在该烈度区滑移层摩擦系数取值应大于 0.2。此外，上圈梁、一层、二层顶的位移基本一致，表明上部结构基本趋于平动，层间变形很小。

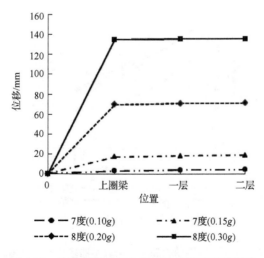

图 4.13　地震烈度对复合隔震结构位移反应影响

4.5.3 滑移层摩擦系数对隔震效果的影响

1. 摩擦系数对复合隔震结构加速度反应影响

图4.14给出了3种地震波输入下，复合隔震结构随摩擦系数改变其加速度隔震率的变化规律，其基本趋势一致。从图中可见，随着摩擦系数的增大，加速度隔震率有较为明显的降低。此外，在预设隔震率的前提条件下，可以从图中得出不同烈度区合理的摩擦系数取值区间，以预设隔震率40%为限，对3条地震波结果取平均值，可以得出复合隔震结构的理想滑移层摩擦系数取值要求，即 7 度（0.10g）不大于0.15，7度（0.15g）不大于0.25，8度（0.20g）和8度（0.30g）不大于0.35。

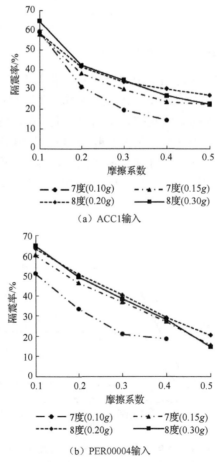

（a）ACC1输入

（b）PER00004输入

图4.14　复合隔震结构加速度隔震率随摩擦系数变化曲线

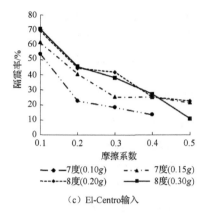

（c）El-Centro输入

图 4.14（续）

2. 摩擦系数对复合隔震结构剪力反应影响

图 4.15 给出了 3 种地震波输入下，不同烈度作用下复合隔震结构随摩擦系数

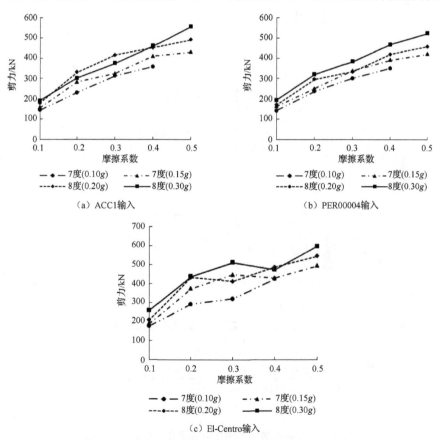

图 4.15　复合隔震结构底部剪力随摩擦系数变化曲线

改变其上部结构底部剪力的变化规律，其基本趋势一致。从图中可见，随着摩擦系数的增大，上部结构底部剪力呈接近线性增长趋势，与加速度反应规律相同，表明在不同烈度区要减小上部结构的地震剪力，应控制滑移层摩擦系数取值范围。

3. 摩擦系数对复合隔震结构位移反应影响

图 4.16 给出了 4 种烈度下 ACC1 输入情况的楼层位移随摩擦系数变化曲线。从图中可见，随着摩擦系数的减小，结构位移逐渐增大，上圈梁、一层、二层顶点之间的曲线接近水平，表明上部结构层间位移很小，结构趋于整体平动，且当滑移层开始工作后上部结构几乎没有塑性损伤。同时，根据限位橡胶束极限变形能力，从图中也可获取不同烈度区摩擦系数的最小取值。

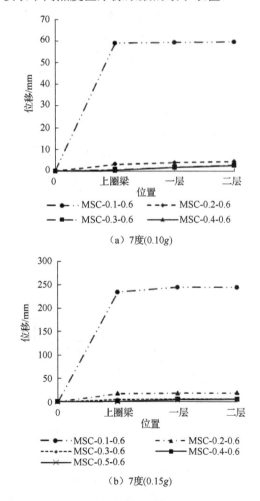

（a）7度(0.10g)

（b）7度(0.15g)

图 4.16　复合隔震结构楼层位移随摩擦系数变化曲线

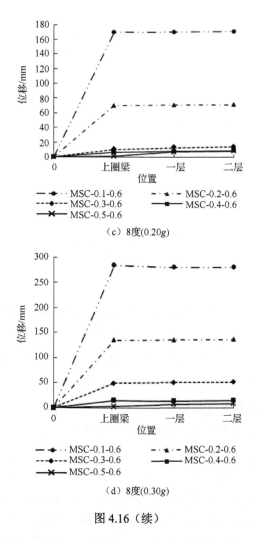

（c）8度（0.20g）

（d）8度（0.30g）

图 4.16（续）

4. 摩擦系数取值建议

基础滑移层摩擦系数应满足多遇地震不滑移，滑移量不超过限位橡胶束极限剪切变形能力 100mm。表 4.18 基于罕遇地震时 40%隔震率要求，给出了 7 度（0.10g）～8 度（0.30g）的高烈度区摩擦系数设计取值范围。考虑到地震作用下实际动摩擦系数小于最大静摩擦系数，以及滑移面随着地震作用后期有变得更为光滑的趋势，实测摩擦系数取值比计算结果略有放宽。此外，为保证上部结构滑移安全，下圈梁每边附加宽度以不小于最大滑移量的 120%且控制为 60～120mm 为宜。

表 4.18　复合隔震结构滑移层摩擦系数设计指标建议值

烈度	滑移层摩擦系数 μ	下圈梁附加宽度 b/mm
7 度（0.10g）	$\mu \leqslant 0.1$	$b \geqslant 60$
	$0.1 < \mu < 0.2$	$b \geqslant 60$
7 度（0.15g）	$0.1 < \mu < 0.2$	$b \geqslant 80$
	$0.2 \leqslant \mu < 0.3$	$b \geqslant 60$
8 度（0.20g）	$0.15 < \mu \leqslant 0.2$	$b = 120$
	$0.2 < \mu < 0.35$	$b \geqslant 60$
8 度（0.30g）	$0.25 \leqslant \mu < 0.35$	$b = 120$

4.6　典型村镇复合隔震建筑隔震效果研究

4.4 节和 4.5 节主要对简化模型的动力响应特征和影响因素进行了研究，为进一步探讨复合隔震体系在实际工程中的表现，本节参照地处高烈度寒区的新疆地区典型村镇砌体房屋建模并进行弹塑性动力时程分析。

新疆地区村镇民居多以单层或两层房屋为主，主要的建筑特点是房屋的平面布局为矩形，纵墙开洞而山墙基本不开洞，正门朝南，后墙有小门，房屋屋顶为平屋顶。本节分析模型结构平、立面如图 4.17 和图 4.18 所示。房屋开间为 9.66m，进深为 8.56m，层高为 3m；墙体采用 240mm 厚的 MU10 烧结普通砖，砂浆强度等级为 M7.5；基础上、下圈梁尺寸分别为 240mm×150mm 和 370mm×150mm，楼板厚 80mm，楼板、基础圈梁均采用 C20 混凝土；砂垫层厚取 500mm；基础采用大放脚条形砌体基础，材料为 MU10 烧结普通砖和 M10 等级的水泥砂浆。楼面恒载取 2.0kN/m²，活载取 2.0kN/m²，屋面为不上人屋面，荷载取 0.5kN/m²，砌体材料的容重取为 20kN/m³，混凝土材料的密度取 2500kg/m³，场地类别为 II 类，设计地震分组为第二组。按照《建筑抗震设计规范（2016 年版）》（GB 50011—2010）第 5.1.2 条的要求，依据新疆石河子地区场地条件，选用 3 条地震波，包括 2 条天然波（RSN12、El-Centro）、1 条人工波（RH4TG045）。II 类场地下 3 条地震波曲线及其加速度反应谱曲线与设计反应谱曲线对比如图 4.19 所示，有限元模型如图 4.20 所示。

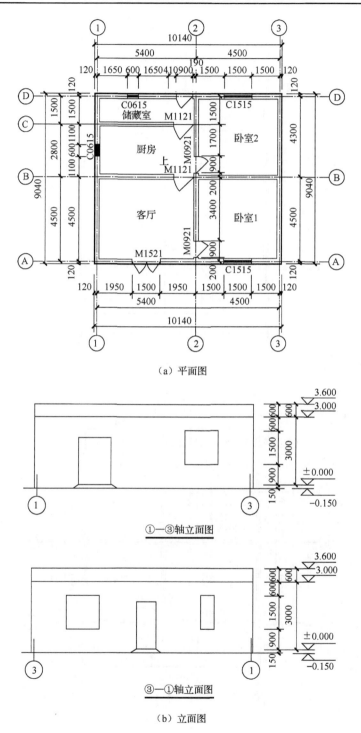

（a）平面图

①—③轴立面图

③—①轴立面图

（b）立面图

图 4.17　单层村镇民居的平面图与立面图

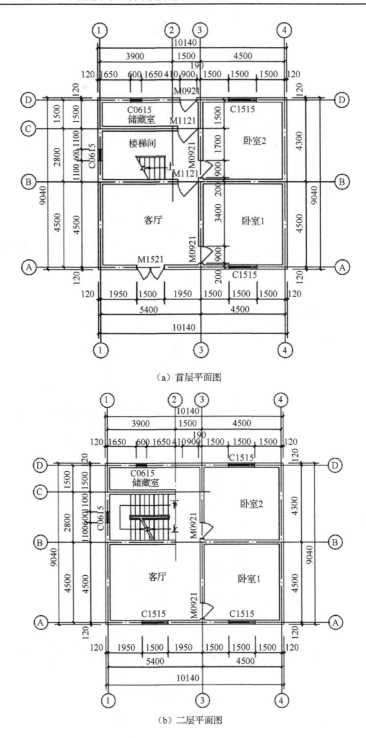

（a）首层平面图

（b）二层平面图

图 4.18　两层村镇民居的平面图与立面图

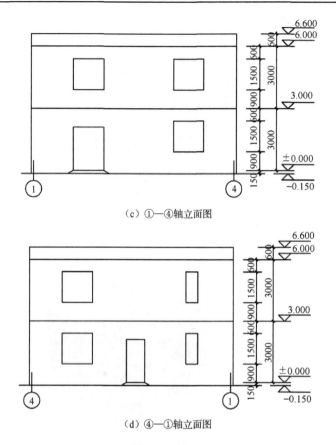

（c）①—④轴立面图

（d）④—①轴立面图

图 4.18（续）

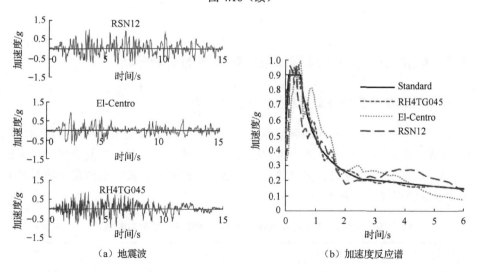

（a）地震波　　　　　　　　　　　　（b）加速度反应谱

图 4.19　3 条地震波及加速度反应谱对比

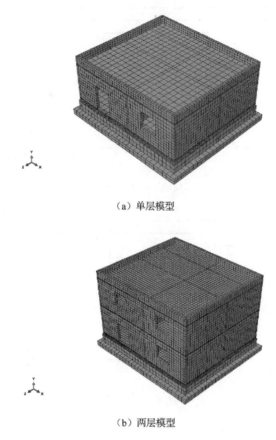

（a）单层模型

（b）两层模型

图 4.20　村镇民居有限元模型

4.6.1　地震强度对复合隔震体系减震效果的影响分析

1. 地震强度对复合隔震体系剪力反应的影响

表 4.19～表 4.21 为不同地震波作用下的复合隔震体系上部结构的底部剪力幅值。从表中我们可以看出，同一条地震波相同滑移层摩擦系数的复合隔震体系的上部结构底部剪力随着地震强度的增大而增大。SLC-0.1 表示滑移层摩擦系数为 0.1 的复合隔震体系，其他类似。

表 4.19　RH4TG045 地震波输入下的上部结构底部剪力幅值　　　（单位：kN）

复合隔震体系	7 度（0.10g）	7 度（0.15g）	8 度（0.20g）	8 度（0.30g）
SLC-0.1	224.92	266.31	294.1	282.26
SLC-0.2	427.18	446.96	442.9	497.91

续表

复合隔震体系	7 度（0.10g）	7 度（0.15g）	8 度（0.20g）	8 度（0.30g）
SLC-0.3	586.91	642.1	639.01	640.51
SLC-0.4	660.94	711.64	770.65	820.13
SLC-0.5	669.14	796.83	862.69	921.36

表 4.20　El-Centro 地震波输入下的上部结构的底部剪力幅值　　　（单位：kN）

复合隔震体系	7 度（0.10g）	7 度（0.15g）	8 度（0.20g）	8 度（0.30g）
SLC-0.1	217.15	230.21	230.26	257.47
SLC-0.2	361.22	423.07	487.35	523.35
SLC-0.3	417.27	481.08	527.76	545.67
SLC-0.4	420.07	555.03	594.87	668.62
SLC-0.5	428.68	586.81	694.21	874.27

表 4.21　RSN12 地震波输入下的上部结构的底部剪力幅值　　　（单位：kN）

复合隔震体系	7 度（0.10g）	7 度（0.15g）	8 度（0.20g）	8 度（0.30g）
SLC-0.1	242.41	244.38	274.67	288.97
SLC-0.2	329.91	454.77	470.29	477.07
SLC-0.3	453.14	493.15	555.76	592.89
SLC-0.4	460.25	583.48	649.29	658.25
SLC-0.5	477.58	641.47	793.36	830.02

　　图 4.21～图 4.23 是 3 种地震波作用下的复合隔震体系上部结构底部剪力幅值曲线。从曲线中，我们更容易看出地震强度对复合隔震体系隔震效果的影响。从图中可以看出：①随着地震烈度的增加，不同工况上部结构的底部剪力均呈现上升趋势，表明复合隔震结构基本没有表现出刚度退化，实现了较好的隔震效果；②滑移层摩擦系数越小的工况，其曲线表现越为平缓，表明其对地震作用向上部结构传递的控制越好；③各个工况的上部结构底部剪力曲线在后半段的上升幅度略微减小，尤其是摩擦系数 0.1 的工况曲线趋于水平，其原因是随着地震烈度增大，上部结构进入滑动状态，结构底部剪力主要表现为滑动摩擦力。

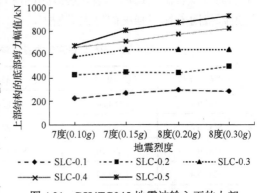

图 4.21　RH4TG045 地震波输入下的上部结构的底部剪力幅值

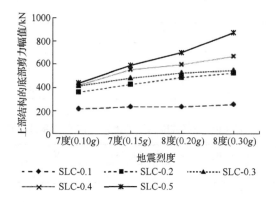

图 4.22　El-Centro 地震波输入下的上部结构的底部剪力幅值

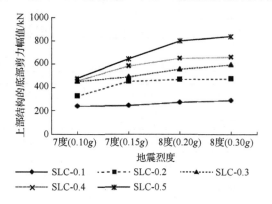

图 4.23　RSN12 地震波作用下的上部结构的底部剪力幅值

2. 地震强度对复合隔震体系加速度反应影响

表 4.22～表 4.24 为不同地震波作用下的复合隔震体系顶点加速度幅值。从表中我们可以看出，在同一条地震波相同滑移层摩擦系数的复合隔震体系的顶点加速度幅值随着地震强度的增大而增大。

表 4.22　RH4TG045 地震波输入下的顶点加速度幅值　　　　（单位：Gal）

复合隔震体系	7 度（0.10g）	7 度（0.15g）	8 度（0.20g）	8 度（0.30g）
SLC-0.1	182.38	205.69	243.13	242.30
SLC-0.2	246.05	275.92	344.23	402.23
SLC-0.3	293.96	387.63	487.05	496.33
SLC-0.4	349.80	530.00	577.69	624.60
SLC-0.5	446.27	592.49	636.83	732.96

表 4.23　El-Centro 地震波输入下的顶点加速度幅值　　　　（单位：Gal）

复合隔震体系	7度（0.10g）	7度（0.15g）	8度（0.20g）	8度（0.30g）
SLC-0.1	173.39	197.73	229.03	216.50
SLC-0.2	270.97	330.98	327.11	345.46
SLC-0.3	292.97	448.57	506.10	542.28
SLC-0.4	366.66	553.48	547.80	612.22
SLC-0.5	294.23	534.55	678.82	718.36

表 4.24　RSN12 地震波作用下的复合隔震体系顶点加速度幅值　　　（单位：Gal）

复合隔震体系	7度（0.10g）	7度（0.15g）	8度（0.20g）	8度（0.30g）
SLC-0.1	189.17	228.45	243.33	258.25
SLC-0.2	244.52	390.80	414.72	448.35
SLC-0.3	265.70	354.90	450.36	600.48
SLC-0.4	286.71	367.76	459.88	604.79
SLC-0.5	296.30	373.98	559.98	659.09

　　图 4.24～图 4.26 是 3 种地震波作用下的复合隔震体系顶点加速度幅值曲线。从曲线中可以得到地震强度与复合隔震体系顶点加速度幅值之间的关系。从图中可以看出，在 SLC-0.1 工况中，顶点加速度幅值随着地震强度的增大而基本保持水平，而在工况 SLC-0.2、SLC-0.3、SLC-0.4、SLC-0.5 中，顶点加速度幅值则随着地震强度的增大而基本上保持线性增加。地震强度对复合隔震体系顶点加速度幅值曲线的影响与对复合隔震体系上部结构的底部剪力幅值的影响相类似。

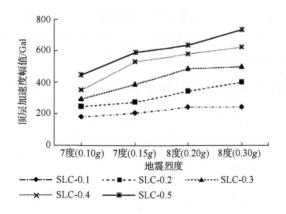

图 4.24　RH4TG045 地震波输入下的顶点加速度幅值曲线

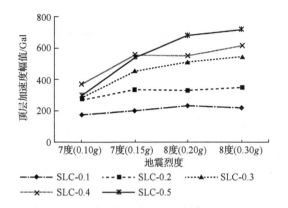

图 4.25　El-Centro 地震波输入下的顶点加速度幅值曲线

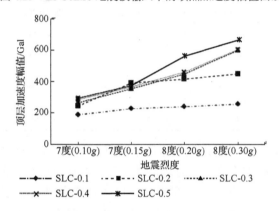

图 4.26　RSN12 地震波输入下的顶点加速度幅值曲线

3. 地震强度对复合隔震体系位移反应影响

表 4.25～表 4.27 为不同地震波作用下的复合隔震体系基础圈梁滑移位移幅值。从表中可以看出，在同一条地震波相同滑移层摩擦系数的复合隔震体系的基础圈梁，滑移位移幅值随着地震强度的增大而增大。

表 4.25　RH4TG045 地震波输入下的基础圈梁滑移位移幅值　　　　（单位：mm）

复合隔震体系	7 度（0.10g）	7 度（0.15g）	8 度（0.20g）	8 度（0.30g）
SLC-0.1	41.54	93.3	166.44	289.06
SLC-0.2	5.45	19.63	58.97	115.17
SLC-0.3	1.34	6.22	18.75	42.45
SLC-0.4	0.57	2.72	7.28	23.29
SLC-0.5	0.22	0.95	2.31	6.14

表 4.26　El-Centro 地震波输入下的基础圈梁滑移位移幅值　　（单位：mm）

复合隔震体系	7 度（0.10g）	7 度（0.15g）	8 度（0.20g）	8 度（0.30g）
SLC-0.1	29.09	71.22	125.01	180.26
SLC-0.2	4.45	19.87	46.47	84.16
SLC-0.3	0.55	4.64	16.78	40.86
SLC-0.4	0.12	1	5.13	18.12
SLC-0.5	0.09	0.25	0.94	2.19

表 4.27　RSN12 地震波输入下的基础圈梁滑移位移幅值　　（单位：mm）

复合隔震体系	7 度（0.10g）	7 度（0.15g）	8 度（0.20g）	8 度（0.30g）
SLC-0.1	69.75	179.66	292.43	412.32
SLC-0.2	12.7	53.4	97.93	245.39
SLC-0.3	1.58	14.07	47.46	97.67
SLC-0.4	0.2	3.83	16.23	50.81
SLC-0.5	0.06	0.48	5.41	21.39

图 4.27～图 4.29 是 3 种地震波作用下的复合隔震体系基础圈梁滑移位移幅值曲线。从曲线中可以看出：①在不同地震波下，同一滑移层摩擦系数的复合隔震体系基础圈梁，滑移位移幅值都随着地震强度的增大而增大，且增大的幅度也随地震强度的增大而增加，表明复合隔震结构在高烈度区有更好的隔震效果；②当滑移层摩擦系数较高时，各个工况曲线相对集中，但当滑移层摩擦系数取值为 0.1 和 0.2 时，曲线斜率显著增大，表明当通过设计较小的滑移层摩擦系数来获取结构加速度响应有效控制的同时，位移响应不容忽视，应重视其限位复位装置的保护设计。

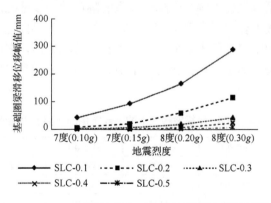

图 4.27　RH4TG045 地震波输入下的基础圈梁滑移位移幅值曲线

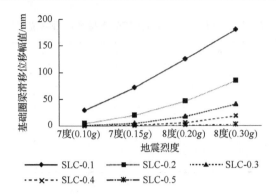

图 4.28　El-Centro 地震波输入下的基础圈梁滑移位移曲线

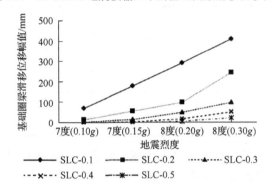

图 4.29　RSN12 地震波输入下的基础圈梁滑移位移曲线

4.6.2　滑移层摩擦系数对复合隔震体系减震效果的影响分析

1. 滑移层摩擦系数对复合隔震体系剪力反应影响

滑移层摩擦系数直接影响复合隔震体系的隔震效果及基础圈梁滑移位移，是复合隔震体系中最重要的影响因素。表 4.28～表 4.30 为不同地震波作用下的复合隔震体系上部结构的底部剪力幅值。从表中我们可以看出，在同一条地震波相同地震强度的复合隔震体系上部结构的底部剪力幅值随着滑移层摩擦系数的增大而增大。

表 4.28　RH4TG045 地震波输入下的上部结构的底部剪力幅值　　　　（单位：kN）

抗震设防烈度	SLC-0.1	SLC-0.2	SLC-0.3	SLC-0.4	SLC-0.5
7 度（0.10g）	224.92	427.18	586.91	660.94	669.14
7 度（0.15g）	266.31	446.96	642.10	711.64	796.83
8 度（0.20g）	294.10	442.90	639.01	770.65	862.69
8 度（0.30g）	282.26	497.91	640.51	820.13	921.36

表 4.29　El-Centro 地震波输入下的上部结构的底部剪力幅值　　　　（单位：kN）

抗震设防烈度	SLC-0.1	SLC-0.2	SLC-0.3	SLC-0.4	SLC-0.5
7 度（0.10g）	217.15	361.22	417.27	420.07	428.68
7 度（0.15g）	230.21	423.07	481.08	555.03	586.81
8 度（0.20g）	230.26	487.35	527.76	594.87	694.21
8 度（0.30g）	257.47	523.35	545.67	668.62	874.27

表 4.30　RSN12 地震波输入下的上部结构的底部剪力幅值　　　　（单位：kN）

抗震设防烈度	SLC-0.1	SLC-0.2	SLC-0.3	SLC-0.4	SLC-0.5
7 度（0.10g）	242.41	329.91	453.14	460.25	477.58
7 度（0.15g）	244.38	454.77	493.15	583.48	641.47
8 度（0.20g）	274.67	470.29	555.76	649.29	793.36
8 度（0.30g）	288.97	477.07	592.89	658.25	830.02

图 4.30～图 4.33 是不同抗震设防烈度区下的复合隔震体系上部结构剪力隔震率随滑移层摩擦系数变化曲线。从曲线中我们可以看出：①在不同地震波下，同一地震强度下的复合隔震体系隔震率随滑移层摩擦系数的增大而降低，且在 7 度（0.10g）区，滑移层摩擦系数增大到 0.4、0.5 时，复合隔震体系的隔震率在地震强度增大时基本不变；②在 7 度（0.15g）区，复合隔震体系在 3 条地震波下的平均隔震率与 El-Centro 天然波作用下的隔震率基本重合。在更高的地震强度下，复合隔震体系的隔震率会随着滑移层摩擦系数的增大而基本呈线性降低。

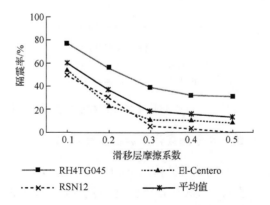

图 4.30　7 度（0.10g）区隔震率随滑移层摩擦系数变化曲线

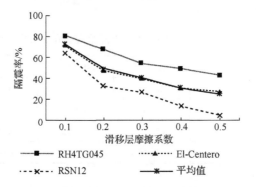

图 4.31　7 度（0.15*g*）区隔震率随滑移层摩擦系数变化曲线

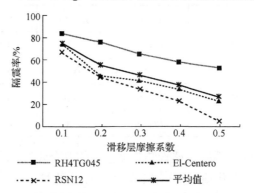

图 4.32　8 度（0.20*g*）区隔震率随滑移层摩擦系数变化曲线

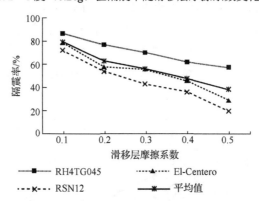

图 4.33　8 度（0.30*g*）区隔震率随滑移层摩擦系数变化曲线

2. 滑移层摩擦系数对复合隔震体系加速度反应影响

表 4.31～表 4.33 为不同地震波作用下的复合隔震体系顶点加速度幅值。从表中可以看出，在同一条地震波相同地震强度的复合隔震体系的顶点加速度幅值随着滑移层摩擦系数的增大而增大。

表 4.31　RH4TG045 地震波输入下的顶点加速度幅值　　　　（单位：Gal）

抗震设防烈度	SLC-0.1	SLC-0.2	SLC-0.3	SLC-0.4	SLC-0.5
7 度（0.10g）	182.38	246.05	293.96	349.8	446.27
7 度（0.15g）	205.69	275.92	387.63	530	592.49
8 度（0.20g）	243.13	344.23	487.05	577.69	636.83
8 度（0.30g）	242.30	402.23	496.33	624.60	732.96

表 4.32　El-Centro 地震波输入下的顶点加速度幅值　　　　（单位：Gal）

抗震设防烈度	SLC-0.1	SLC-0.2	SLC-0.3	SLC-0.4	SLC-0.5
7 度（0.10g）	173.39	270.97	292.97	366.66	294.23
7 度（0.15g）	197.73	330.98	448.57	553.48	534.55
8 度（0.20g）	229.03	327.11	506.10	547.80	678.82
8 度（0.30g）	216.50	345.46	542.28	612.22	718.36

表 4.33　RSN12 地震波输入下的顶点加速度幅值　　　　（单位：Gal）

抗震设防烈度	SLC-0.1	SLC-0.2	SLC-0.3	SLC-0.4	SLC-0.5
7 度（0.10g）	189.17	244.52	265.70	286.71	296.30
7 度（0.15g）	228.45	390.80	354.90	367.76	373.98
8 度（0.20g）	243.33	414.72	450.36	459.88	559.98
8 度（0.30g）	258.25	448.35	600.48	604.79	659.09

　　图 4.34～图 4.36 为在 3 种地震波下，复合隔震体系顶点加速度幅值随滑移层摩擦系数变化曲线。从曲线中我们可以看出：①复合隔震体系顶点加速度幅值随滑移层摩擦系数的增大而增大，表明摩擦系数越小，复合隔震体系对地震作用向上部结构传递控制越好；②当滑移层摩擦系数在 0.3 以上时曲线变缓，表明摩擦系数过大，对高烈度地区的隔震效果有限。

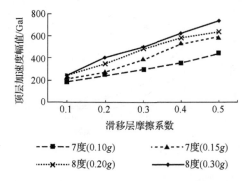

图 4.34　RH4TG045 地震波输入下顶点加速度幅值随滑移层摩擦系数变化曲线

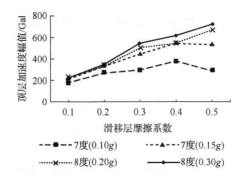

图 4.35 El-Centro 地震波输入下顶点加速度幅值随滑移层摩擦系数变化曲线

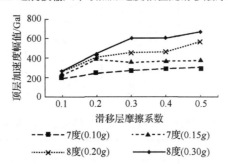

图 4.36 RSN12 地震波输入下顶点加速度幅值随滑移层摩擦系数变化曲线

3. 滑移层摩擦系数对复合隔震体系位移反应影响

图 4.37～图 4.39 为在 3 种地震波下，复合隔震体系基础圈梁滑移位移幅值随滑移层摩擦系数变化曲线。从图中我们可以看出：复合隔震体系基础圈梁滑移位移幅值随滑移层摩擦系数变化规律在 3 种地震波中表现出一致性，即随着滑移层摩擦系数的增大，复合隔震体系基础圈梁滑移位移幅值逐渐减小，且减小幅度越来越小。这表明摩擦系数越大，在相同地震烈度输入下，其滑动隔震能力越弱，即要获得较好的隔震效果，摩擦系数不宜过大。

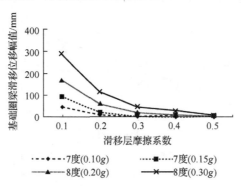

图 4.37 RH4TG045 地震波输入下基础圈梁滑移位移幅值随滑移层摩擦系数变化曲线

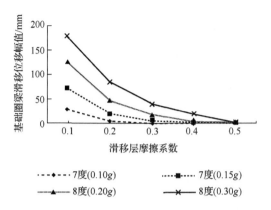

图 4.38　El-Centro 地震波输入下基础圈梁滑移位移幅值随滑移层摩擦系数变化曲线

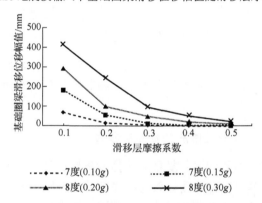

图 4.39　RSN12 地震波输入下基础圈梁滑移位移幅值随滑移层摩擦系数变化曲线

4.6.3　场地类别对复合隔震体系减震效果的影响分析

　　本节之前关于复合隔震体系的分析都是基于Ⅱ类场地进行的。由于不同场地类别的特征周期不同，在同一地震分组，同一抗震设防烈度区所对应的地震反应谱平台段的长度也不同，所承受的地震波也不同。为了使复合隔震体系能够适用于不同场地条件，本节将对比研究单层复合隔震体系房屋设计地震分组为第二组、地震烈度为 8 度（0.20g）的分别在 I_1 类场地、Ⅱ类场地和Ⅲ类场地的隔震性能。

　　为了尽量避免选波的差异对不同场地下复合隔震体系地震响应特征结果的影响，分别选用与场地设计反应谱在统计意义上相吻合的 3 条人工波进行模拟计算：I_1 类场地 ACC1 人工波，Ⅱ类场地 ACC2 人工波，Ⅲ类场地 ACC3 人工波。不同场地选用的地震波与其加速度反应谱如图 4.40 所示。

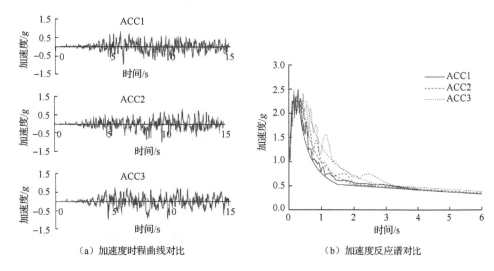

（a）加速度时程曲线对比　　　　　　　（b）加速度反应谱对比

图 4.40　不同场地选用的地震波与其加速度反应谱

通过图 4.40 可知，设计地震分组为第二组、地震烈度为 8 度（0.20g）的条件下，不同场地的标准设计反应谱只在水平段和曲线下降段有明显区别，水平地震影响系数最大值则相同。

1. 场地类别对复合隔震体系剪力反应影响

表 4.34 为不同场地类别单层复合隔震体系房屋底部的剪力。从表中可以看出：不同场地类别下，单层复合隔震体系房屋底部剪力差别不大，底部剪力随着场地类别由 I_1 类、II 类以及 III 类依次减小。其原因为当滑移层开裂，上部结构进入滑动状态，结构底部剪力主要表现为滑动摩擦力，故不同场地类别下上部结构底部剪力差别不大。

表 4.34　不同场地类别单层复合隔震体系底部剪力　　　　　（单位：kN）

位置	I_1 类场地	II 类场地	III 类场地
一层底	498.08	484.84	473.19

2. 场地类别对复合隔震体系加速度反应影响

表 4.35 为设计地震分组为第二组、地震烈度为 8 度（0.20g）、滑移层摩擦系数为 0.2 的单层复合隔震房屋的顶点加速度幅值。从表中可以看出，顶点加速度幅值随着场地类别由 I_1 类、II 类及 III 类依次减小。

表 4.35　不同场地类别下单层复合隔震体系房屋的顶点加速度幅值　　（单位：Gal）

位置	I_1 类场地	II 类场地	III 类场地
一层顶	384.37	344.23	312.14

3. 场地类别对复合隔震体系位移反应影响

表 4.36 为设计地震分组为第二组、地震烈度为 8 度（0.20g）、滑移层摩擦系数为 0.2 的单层复合隔震房屋不同位置的位移。从表中可以看出，不同场地房屋层间相对位移基本为 0，而基础圈梁滑移位移幅值较大，表明结构基本实现上部结构沿基础圈梁整体平动，上部结构基础圈梁滑移位移随场地类别由 I_1 类、II 类及III类而逐渐增大。

表 4.36　不同场地复合隔震体系房屋不同位置的位移　　　（单位：mm）

项目	I_1类场地	II类场地	III类场地
层间相对位移	0.34	0.39	0.43
基础圈梁滑移	49.36	58.57	68.21

综合以上分析可知：相较于 I_1 类和 II 类场地，III类场地上部结构底部剪力和顶点加速度较小，而位移较大。可见，相较于坚硬土体地基，软土地基条件下复合隔震房屋上部结构地震输入更小。其原因是土体的阻尼效应增大，本身就发挥了一定的滤波效果，进一步说明在获得相同隔震效果的条件下，软土地基上的复合隔震砌体房屋滑移层摩擦系数取值可以相对坚硬土体条件更小。

4.6.4　房屋层数对复合隔震体系减震效果的影响分析

新疆村镇建筑多以单层为主，也有少量的两层房屋。本节通过分析房屋层数对复合隔震体系减震效果的影响，探讨不同层数房屋对体系布置的需求。

1. 房屋层数对复合隔震体系剪力反应影响

表 4.37～表 4.39 分别列出了在 8 度（0.20g）区滑移层摩擦系数 0.2、8 度（0.20g）区滑移层摩擦系数 0.5、7 度（0.10g）区滑移层摩擦系数 0.2 的单层和两层复合隔震体系房屋的上部结构底部剪力幅值及剪力隔震率。从表中可以得出以下结论。

（1）两层较单层复合隔震体系房屋的底部剪力幅值大 50%左右，其原因为两层房屋的质量和刚度更大，其承受的地震作用也更大。

（2）两层较单层复合隔震体系房屋的底部剪力隔震率大，两者相差约 10%，表明复合隔震体系对于两层房屋同样适用。随着摩擦系数的减小，单层和两层房屋的底部剪力隔震率均有明显的提高。

（3）在 7 度（0.10g）区和 8 度（0.20g）区单层和两层房屋剪力隔震率均可

达到 40%以上,表明复合隔震体系用于单层和两层房屋时都能获得较好的隔震效果。

表 4.37　8 度(0.20g)区滑移层摩擦系数为 0.2 的底部剪力幅值及隔震率

房屋类别	位置	复合隔震体系的剪力幅值/kN	传统抗震体系的剪力幅值/kN	剪力隔震率/%
单层房屋	上部结构底部	442.90	1106.34	59.97
两层房屋	上部结构底部	803.02	2265.47	64.55

表 4.38　8 度(0.20g)区滑移层摩擦系数为 0.5 的底部剪力幅值及隔震率

房屋类别	位置	复合隔震体系的剪力幅值/kN	传统抗震体系的剪力幅值/kN	剪力隔震率/%
单层房屋	上部结构底部	862.69	1106.34	22.02
两层房屋	上部结构底部	1401.99	2265.47	38.11

表 4.39　7 度(0.10g)区滑移层摩擦系数为 0.2 的底部剪力幅值及隔震率

房屋类别	位置	复合隔震体系的剪力幅值/kN	传统抗震体系的剪力幅值/kN	剪力隔震率/%
单层房屋	上部结构底部	427.18	1106.34	61.39
两层房屋	上部结构底部	655.69	2265.47	71.06

2. 房屋层数对复合隔震体系加速度反应影响

表 4.40~表 4.42 分别列出了在 8 度(0.20g)区滑移层摩擦系数 0.2、8 度(0.20g)区滑移层摩擦系数 0.5、7 度(0.10g)区滑移层摩擦系数 0.2 的单层和两层复合隔震体系房屋的顶点加速度幅值及顶点加速度隔震率。从表中可以得出以下结论。

表 4.40　8 度(0.20g)区滑移层摩擦系数为 0.2 的顶点加速度幅值及隔震率

房屋类别	位置	复合隔震体系的加速度幅值/g	传统抗震体系的加速度幅值/g	加速度隔震率/%
单层房屋	屋顶	3.4423	8.84512	61.08
两层房屋	屋顶	5.03958	10.7988	53.33

表 4.41　8 度(0.20g)区滑移层摩擦系数为 0.5 的顶点加速度幅值及隔震率

房屋类别	位置	复合隔震体系的加速度幅值/g	传统抗震体系的加速度幅值/g	加速度隔震率/%
单层房屋	屋顶	6.36826	8.84512	28.00
两层房屋	屋顶	8.33764	10.7988	22.79

表 4.42　7 度（0.10g）区滑移层摩擦系数为 0.2 的顶点加速度幅值及隔震率

房屋类别	位置	复合隔震体系的加速度幅值/g	传统抗震体系的加速度幅值/g	加速度隔震率/%
单层房屋	屋顶	2.46045	8.84512	72.18
两层房屋	屋顶	3.82034	10.7988	64.62

（1）两层较单层复合隔震体系房屋的顶点加速度幅值大 50%左右，其原因为两层房屋的上部结构质量、刚度更大，其承受的地震作用更大。

（2）两层较单层复合隔震体系房屋的顶点加速度隔震率小，两者相差约 7%。随着摩擦系数的减小，单层和两层房屋的顶点加速度隔震率均有明显的提高。

（3）在 7 度（0.10g）区和 8 度（0.20g）区单层和两层房屋加速度隔震率均可达到 40%以上，表明复合隔震体系用于单层和两层房屋时都能获得较好的隔震效果。

3. 房屋层数对复合隔震体系位移反应影响

表 4.43～表 4.45 分别列出了在 8 度（0.20g）区滑移层摩擦系数 0.2、8 度（0.20g）区滑移层摩擦系数 0.5、7 度（0.10g）区滑移层摩擦系数 0.2 的单层和两层复合隔震体系房屋的层间相对位移幅值和基础圈梁滑移位移幅值。从表中可以得出以下结论。

（1）两层较单层房屋的层间位移幅值和基础圈梁滑移位移幅值大，其原因为两层较单层房屋的上部结构质量大，受到的地震作用大。

（2）单层和两层房屋的层间位移幅值均很小，基础圈梁滑移位移幅值较大，表明上部结构的层间位移幅值很小，整体趋于平动，其水平位移集中在基础圈梁处，摩擦滑移层能很好地起到滑移隔震的效果。

表 4.43　8 度（0.20g）区滑移层摩擦系数为 0.2 的单层和两层复合隔震体系的位移幅值

（单位：mm）

房屋类别	位置	层间相对位移幅值	基础圈梁滑移位移幅值
单层房屋	屋顶	0.335	58.965
两层房屋	一层顶	0.803	60.861
	屋顶	0.678	

表 4.44　8 度（0.20g）区滑移层摩擦系数为 0.5 的单层和两层复合隔震体系的位移幅值

（单位：mm）

房屋类别	位置	层间相对位移幅值	基础圈梁滑移位移幅值
单层房屋	屋顶	0.783	10.315
两层房屋	一层顶	1.108	11.497
	屋顶	0.921	

表 4.45　7 度（0.10g）区滑移层摩擦系数为 0.2 的单层和两层复合隔震体系的位移幅值

（单位：mm）

房屋类别	位置	层间相对位移幅值	基础圈梁滑移位移幅值
单层房屋	屋顶	0.311	35.447
两层房屋	一层顶	0.646	36.212
	屋顶	0.489	

4.7　数值分析主要结论

　　本章采用 ABAQUS 有限元软件，首先建立了普通抗震结构、基础滑移隔震结构、砂垫层隔震结构，以及砂垫层-基础滑移复合隔震结构等 4 种结构模型，并进行了多遇地震及罕遇地震作用下的弹塑性动力时程分析，分析了多遇及罕遇地震下复合隔震结构的隔震机理，并对地震烈度及滑移层摩擦系数对其隔震效果的影响进行了研究。在此基础上以新疆典型村镇建筑为对象进行实际工程的模拟分析。研究得出以下结论。

　　（1）多遇地震作用下，砂垫层-基础滑移复合隔震结构基础滑移层不开裂，上下结构之间、基础与砂垫层间均无相对滑移出现，但通过砂垫层的黏性滞回耗能可以减轻上部结构的地震响应；在罕遇地震作用下，仅有基础圈梁间的滑移层开裂滑动，基底几乎不滑移，复合隔震体系的耗能主要表现为砂垫层的黏性阻尼耗能和圈梁之间滑移层的滑动摩擦耗能。

　　（2）砂垫层-基础滑移复合隔震结构相对基础滑移隔震结构和砂垫层隔震结构具有更为优异的隔震效果，主要表现为：在摩擦系数相同的条件下，复合隔震结构由于基础滑移层的滑动摩擦耗能，其隔震率大于砂垫层隔震结构；复合隔震结构在获得与基础滑移隔震结构相同的加速度隔震率的时候，滑移位移更小，在滑移层构造相同的条件下，可以降低对限位装置剪切变形能力的要求，结论与理论分析一致。

　　（3）对砂垫层-基础滑移复合隔震结构而言，随着地震作用强度的增大，上部结构加速度及底部剪力减小幅度将增大，但基础圈梁处的滑动位移也将增大；随着基础滑移层摩擦系数的增大，上部结构加速度及底部剪力有较为明显的增大，基础圈梁处的滑动位移将变小。因此，可根据预期的隔震率和限位装置的剪切变形能力来确定不同烈度区的合理摩擦系数取值区间。

第5章 村镇建筑复合隔震技术要点

基于本书所开展的相关材性试验、滑移隔震墙体抗震性能试验、1/4 缩尺模型振动台试验，以及理论分析和数值模拟研究成果可见，砂垫层-基础滑移复合隔震体系通过基底砂垫层和基础滑移层的消能减震作用，可以有效减小上部结构的地震作用，改善砌体结构的破坏形态，提高上部结构的安全度，对高地震烈度寒冷地区具有区域适宜性。为更好地指导该技术在村镇建筑中的应用，本章在基于现行《建筑抗震设计规范（2016 年版）》（GB 50011—2010）对隔震房屋相关设计及构造要求的基础上，综合《建筑地基处理技术规范》（JGJ 79—2012）、《冻土地区建筑地基基础设计规范》（JGJ 118—2011）等对基底换填垫层的要求，结合本书的研究成果，初步提出高地震烈度寒冷地区复合隔震技术的设计与施工要点。

5.1 复合隔震技术的基本规定

5.1.1 适用范围

本书研究的砂垫层-基础滑移复合隔震体系主要用于同时地处高地震烈度地区和气候分区为严寒或寒冷的地区（即有季节性冻土存在区域）的 1、2 层村镇砌体结构建筑。对于其他有地基换填垫层需求的高地震烈度区亦可采用。

5.1.2 设计原则

（1）村镇建筑砂垫层-基础滑移复合隔震体系动力响应特征主要受界面摩擦系数影响，应通过合理的体系整体设计和细部构造措施，确保复合隔震体系基底不滑移，上部结构小震不滑、中大震限位滑移，并实现小震下砂垫层消能隔震，中大震下砂垫层阻尼耗能和基础滑移层滑动隔震耗能相结合的消能减震机制，达到"多遇地震不滑移且上部结构不损坏，设防地震及罕遇地震滑移层工作且上部结构地震作用有效降低"的多水准抗震设防目标。

（2）在不同抗震设防烈度区，应根据隔震率需求进行体系设计（包括滑移层配方选定、限位装置数量，以及砂垫层材料组成等），并按照 3.1.4 节要求控制好滑移层配制、限位装置制作与安装、砂垫层铺设等环节的材料离散性。

5.1.3　材料选择

（1）上部结构可采用普通实心砖或多孔砖砌筑，强度等级不应低于 MU10；其砌筑砂浆强度等级不应低于 M5.0，基础滑移层采用低标号改性砂浆时，强度等级应比上部结构砌筑砂浆低 1 个强度等级。

（2）圈梁及构造柱等混凝土构件应采用不低于 C20 的强度等级。

（3）基础滑移层的配方可选择本书提供的低标号改性砂浆、钢珠-改性砂浆，以及干铺石墨粉等方案，不同配比时的摩擦系数可按 3.1.1 节确定；也可采用其他低摩擦系数材料配制，其摩擦系数测定可采用 3.1 节的简化方法。

（4）限位装置可采用本书提出的捆绑橡胶束，为保证制作方便及材料性能稳定，选用厚度为 10mm 的工业橡胶板割片捆绑制作，尺寸为长×宽×高=150mm×80mm×310mm，捆绑 3 道 14 #铁丝（直径为 2.2 mm）作为箍筋。

（5）基底砂垫层选用粒径为 5～10mm 的圆砾分层压实，压实系数不小于 0.94。

5.2　复合隔震技术设计

5.2.1　设计方法

（1）地震反应一般应采用时程分析法进行计算，输入地震波的反应谱特性和数量应符合《建筑抗震设计规范（2016 年版）》（GB50011—2010）第 5.1.2 条规定。

（2）砂垫层-基础滑移复合隔震结构房屋设计流程如图 5.1 所示，设计步骤如下。

① 根据村镇建筑所处的地震烈度区、气候分区以及房屋建筑功能需求，确定结构的平面和立面布置。

② 根据经济、技术、施工等条件提出预期的隔震率目标。

③ 进行隔震部件的设计，包括：根据房屋所处烈度区及隔震率要求，按照4.5.3 节选择摩擦系数取值范围；根据预期滑移位移设计限位橡胶束尺寸；根据5.2.4 节确定基底砂垫层厚度。

④ 进行结构罕遇地震弹塑性时程分析，得出加速度、位移、上部结构底部剪力。

⑤ 隔震率若满足预设要求，进行上部结构抗震设计；若不满足要求，根据计算结果调整滑移层摩擦系数取值及配方，重新进行弹塑性时程分析。

⑥ 根据上部结构滑移位移及底部最大剪力，确定橡胶束的数量及布置方案，以及基础下圈梁附加宽度。

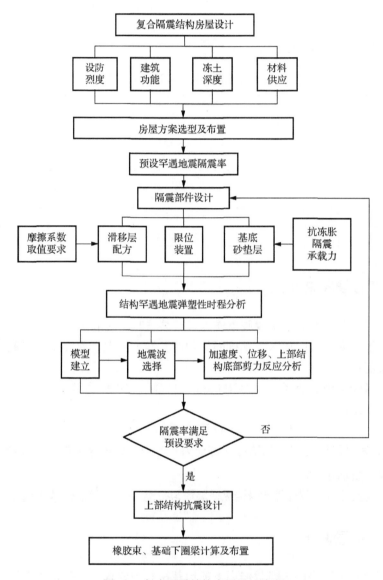

图 5.1　复合隔震结构房屋设计流程

5.2.2　基础滑移层摩擦系数取值

基础滑移层摩擦系数直接影响复合隔震结构的消能减震效果，摩擦系数越小，隔震效果越好，但上部结构滑移量越大。工程应用时应满足多遇地震不滑移，滑移量不超过限位橡胶束极限剪切变形能力，可根据村镇建筑所处抗震设防烈度分区，以及预设隔震率，按照第 4 章研究结果进行选择。表 5.1 给出了罕遇地震时 40%隔震率要求，7 度（0.10g）～8 度（0.30g）的高烈度区设计摩擦系数取值范围。此外，为保证上部结构滑移安全，下圈梁每边附加宽度以不小于最大滑移量的 120%且控制为 60～120mm 为宜。

表 5.1　复合隔震体系设计指标建议值

烈度	滑移层摩擦系数 μ	下圈梁附加宽度 b/mm
7 度（0.10g）	$\mu \leqslant 0.1$	$b \geqslant 60$
	$0.1 < \mu < 0.2$	$b \geqslant 60$
7 度（0.15g）	$0.1 \leqslant \mu < 0.2$	$b \geqslant 80$
	$0.2 \leqslant \mu < 0.3$	$b \geqslant 60$
8 度（0.20g）	$0.1 < \mu \leqslant 0.2$	$b = 120$
	$0.2 < \mu < 0.32$	$b \geqslant 60$
8 度（0.30g）	$0.25 \leqslant \mu < 0.35$	$b = 120$

5.2.3　限位橡胶束设计

当采用本书研究的限位橡胶束作为限位装置时，应满足以下要求。

（1）橡胶束应竖向插入下基础圈梁预留孔洞，并保证橡胶束沿横截面长边方向参与抗剪。

（2）橡胶束极限变形能力为 100mm，极限抗剪承载力为 30kN，橡胶束数量可按下式确定：

$$D = (F_{EK} - F_{\mu}) / V_{u} \tag{5.1}$$

式中：F_{EK} 为罕遇地震下上部结构底部剪力；F_{μ} 为基础滑移层最大静摩擦力；V_{u} 为单个橡胶束抗剪承载力。

（3）橡胶束应根据计算数量沿纵横墙均匀布置，在纵横墙交接处应避让。

5.2.4　砂垫层设计

基底砂砾垫层应根据静载作用下的地基承载力要求、地基抗冻胀要求以及获取较好隔震效果要求等确定。在地基承载力方面根据《建筑地基处理技术规范》（JGJ 79—2012）[80]中对软弱地基土换填砂垫层的材料选择规定，换填垫层的厚度应根据置换软弱土的深度以及下卧土层的承载力确定，厚度宜为 0.5m～3m，压实系数不小于 0.94，可采用级配良好的砂砾作为换填材料，其承载力根据压实系数大小取为 150～200kPa；在地基抗冻胀方面应依据《冻土地区建筑地基基础设计规范》(JGJ 118—2011),对不冻胀、弱冻胀和冻胀性地基土,基础埋置深度不宜小于设计冻深,对深季节冻土,基础底面可埋置在设计冻深范围之内,基底允许冻土层最大厚度可按该规范附录 C 的规定进行冻胀力作用下基础的稳定性验算,并结合当地经验确定。

综上,砂隔震垫层在抗冻胀、满足承载力方面应满足上述两规范规定,且材料组成应具备较好的隔震效果。考虑村镇低层建筑基底压应力一般小于 100kPa,砂垫层可采用 5~10mm 的圆砾,施工中进行分层压实,压实系数不小于 0.94,砂垫层厚度可根据当地冻土深度及稳定性计算结果确定,结合低层房屋的建造特点以及房屋已设置基础圈梁等有利条件,可考虑取 300~500mm 厚。

5.3　隔震部件制作工艺及施工

5.3.1　一般规定

(1)采用砂垫层-基础滑移复合隔震体系的建筑上部结构应首先满足《砌体结构设计规范》(GB 50003—2011)和《建筑抗震设计规范(2016 年版)》(GB 50011—2010)相关砌体结构抗震设计要求,具备保证结构整体性的基本抗震构造措施。当预设隔震率达到 40%以上时,上部结构构造措施可适当降低条件,但烈度降低不得超过 1 度。

(2)建筑场地宜为 I、II、III 类,并应选用稳定性较好的基础类型。

(3)采用砂垫层-基础滑移复合隔震体系的建筑结构高宽比应小于 4,变形特征接近剪切变形。

(4)基础应采用便于安装滑移隔震层和限位装置的条形基础。

(5)砂垫层-基础滑移复合隔震体系的组成为在基底铺设由一定厚度、粒径组成的砂砾垫层,以及在室外地坪以上增设基础滑移隔震层及限位装置。

(6)应根据预设隔震率及限位装置的剪切变形能力要求进行基础滑移层的设计,以实现多遇地震不滑移且上部结构不损坏、罕遇地震滑移层工作且上部结构地震作用有效降低的多水准抗震设防目标。

(7)基础圈梁由上下两层组成,上圈梁取同墙厚,下圈梁应比上圈梁宽 6~12cm,在两层圈梁中间铺设低摩擦系数的滑移隔震层,应设置在室外地坪以上位置,并保证上下基础圈梁的表面平整度,以保证罕遇地震作用下上部结构能够产生滑动。

(8)基底砂砾垫层应根据静载作用下的地基承载力要求、地基抗冻胀要求以及获取较好隔震效果要求等确定。地基承载力验算按《建筑地基处理技术规范》

JGJ 79—2012 第 3.2.1 节方法进行，地基抗冻胀验算按《冻土地区建筑地基基础设计规范》JGJ 118—2011 附录 C 方法进行。在无可靠计算依据的条件下，低层村镇建筑的基底砂砾垫层可取 300～500mm 厚。基底砂垫层宽度应满足其边缘到基础外边缘的距离大于 300mm。

（9）非结构构件应与上部主体结构有可靠连接，穿过基础滑移隔震层的设备管线应采用柔性连接以适应隔震层在罕遇地震下的水平位移。

5.3.2　隔震部件的制作工艺

1. 滑移层的配制

滑移层配置主要针对采用低标号砂浆进行上下圈梁粘结的技术方案。

采用低标号改性砂浆时，对于掺入滑石粉或石墨粉的改性砂浆拌和与普通水泥砂浆拌和略有不同，其难点在于如何使滑石粉、石墨与砂、水泥拌和均匀的问题。由于滑石粉与石墨颗粒极小，滑石粉的密度与水泥相近，在拌和均匀的问题上较为容易，但石墨的密度远远小于水泥，拌和时容易发生飘散或在砂浆拌和堆的边缘处集中。因此，解决掺料为石墨的砂浆拌和均匀的方法为将石墨、砂、水泥预先装进一个塑料袋后封口，将装有拌和料的塑料袋上下左右摇晃进行预拌（图 5.2）。

图 5.2　搅拌均匀的拌和料

采用钢珠-改性砂浆时，应采用与低标号改性砂浆相同方法进行预拌，钢珠留待后期滑移层铺设时均匀铺洒。

2. 限位橡胶束的制作

限位橡胶束的制作工艺：橡胶割片→制作套箍→捆绑橡胶束→修剪成形→检查确认（图 5.3）。

　　　　　　（a）橡胶割片

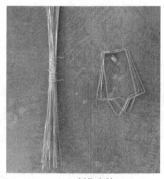
　　　　（b）制作套箍

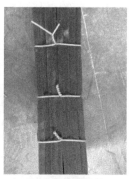
　　　（c）捆绑橡胶束

图 5.3　橡胶束制作

　　（1）橡胶割片：此过程是将橡胶板整体度量、切割成 310mm×150mm×10mm
的单片橡胶片，应确保橡胶片尺寸的准确性。

　　（2）制作套箍：套箍选用的材料为直径为 2.2mm 的 14#铁丝，其主要作用是
将多个单片橡胶片通过捆绑的形式组成一个捆绑橡胶束，提高其整体性和力学性能。

　　（3）捆绑橡胶束：采用 3 道套箍将 8 片橡胶片进行叠加捆绑，首先对橡胶束
沿高度方向做 4 等分，并进行标记，然后将套箍按照相应的标记位置进行紧固。

　　（4）修剪成形：橡胶束捆绑完成后，应对套箍多余部分铁丝头进行修剪，并
将修剪后的铁丝头敲打至与橡胶束平面贴合。

　　3. 垫层的施工

　　垫层的施工应满足《建筑地基处理技术规范》（JGJ 79—2012）第 4.3 节相关
规定。

　　4. 基础圈梁、基础滑移层、橡胶束等施工步骤及工艺要求

　　（1）支下层基础圈梁模板时，模板内应保持干净，其缝隙超过规定时应堵塞
严密，模板支护完成即可绑扎下圈梁钢筋，钢筋搭接长度按受拉钢筋考虑，根据
《混凝土结构设计规范（2015 年版）》（GB 50010—2010）第 8.4.4 条规定取用。箍
筋应按图纸要求间距搭接，并沿受力钢筋相互错开。

　　（2）下层基础圈梁钢筋绑扎完成后，在浇筑下圈梁之前，根据先前计算的橡
胶束数量，按同轴线平均间距的方式竖直固定于圈梁模板中，如图 5.4（a）所示。
橡胶束固定完成后，即可浇筑下圈梁混凝土，如图 5.4（b）所示。

　　（3）下圈梁为一次性浇筑，浇筑、振捣下圈梁时，保证橡胶束位置不产生错
动，圈梁接槎处的松散混凝土应剔除。

　　（4）下圈梁浇筑完成后进行上表面收光，养护 24h 后，在下圈梁上铺设厚度

为 10mm 的滑移隔震层。隔震层铺设前，应先清理下圈梁上表面的杂物及灰尘，铺设时应严格控制隔震层厚度。若采用低标号改性砂浆作为滑移层，铺设完成后应进行收光并养护 24h 后进行上圈梁的施工，如图 5.4（c）和（d）所示。

（5）上圈梁施工工艺与下圈梁相同。

（a）橡胶束固定　　　　　　　（b）浇筑下圈梁

（c）低标号改性砂浆拌制　　　　　（d）滑移层铺设

图 5.4　基础圈梁施工

5. 上部结构施工

上部结构施工同普通房屋。

5.4　农户自建房建议及成本计算

由于村镇农户自建房绝大多数没有条件进行专业设计，依赖于农村工匠的建造经验进行施工。依据本书进行的试验研究和数值模拟结果，结合本书提供的 3 种滑移层配方，提出基于复合隔震技术的自建农房建议。

5.4.1　农房建议

1. 基底砂垫层

基底砂砾垫层可取 300～500mm 厚，分 2 层进行铺填碾压，基底砂垫层宽度应满足其边缘到基础外边缘的距离大于 300mm，采用粒径 5～10mm 的圆砾。

2. 基础滑移层

1）7 度区

采用干铺 10mm 厚石墨粉、外围勾缝密封方案，同时保证基础下圈梁两侧比上圈梁两侧各大 60mm；橡胶束在墙体内每隔 1.5m 均匀布置，为避免橡胶束出现平面外受扭，应避开纵横墙交接处；为保证在罕遇地震时上部结构能够整体平动，在房屋四大角设置构造柱。

2）8 度区

采用低标号改性砂浆方案，上下层基础圈梁间铺设 10mm 厚、滑石粉掺量为 5%的 M2.5 改性砂浆，同时保证基础下圈梁两侧比上圈梁两侧各大 120mm；橡胶束在墙体内每隔 1m 均匀布置，避开纵横墙交接处；在房屋四大角设置构造柱。

5.4.2　成本计算

在成本控制上，与普通村镇建筑相比，复合隔震技术成本的增加主要体现在基底砂垫层、下圈梁、滑移层及橡胶束。由于该技术所使用的都是较为常见的建筑材料，限位橡胶束可在农户空闲时间加工、制作，因此在成本计算时，无须考虑人工成本，只需计算直接费用，不包含其他费用。

1. 7 度区

（1）基底砂垫层。基底砂垫层厚度为 300～500mm，$1m^3$ 砂的价格约为 40 元，每平方米基底砂垫层的成本为 40 元/m^3×（0.3～0.5）m^3=（12.00～20.00）元。

（2）下圈梁。每米下圈梁的体积为 360mm×150mm×1000mm=0.054m^3，按每立方米混凝土 220 元计算，每米下圈梁的成本为 220 元/m^3×0.054 m^3=11.88 元。

（3）基础滑移层。干铺石墨粉、外围砂浆勾缝，干铺厚度为 10mm，以试验为准，每米铺设石墨粉 800g，每千克石墨粉价格为 10 元，则每米干铺石墨滑移层的成本为 0.8kg×10 元/kg=8.00 元。砂浆可不计算成本。

（4）限位橡胶束。按照橡胶束在墙体内每隔 1.5m 均匀布置计算，每个橡胶束的材料费用为 50 元，则每米墙体的橡胶束成本为 50÷1.5=33.33 元。

2. 8 度区

（1）基底砂垫层。基底砂垫层厚度为 300～500mm，$1m^3$ 砂的价格约为 40 元，每平方米基底砂垫层的成本为 40 元/m^3×（0.3～0.5）m^3=（12.00～20.00）元。

（2）下圈梁。每米下圈梁的体积为 480mm×150mm×1000mm=0.072m^3，按每

立方米混凝土 220 元计算，每米下圈梁的成本为 220 元/ m³×0.072 m³=15.84 元。

（3）低标号改性砂浆滑移层。滑移层铺设厚度为 10mm，每米低标号改性砂浆滑移层的体积为 10mm×240m×1000mm=0.024m³，每立方米滑石粉掺量为 5%的 M2.5 改性砂浆的价格为 122 元,则每米低标号改性砂浆滑移层的成本为 0.024 m³× 122 元/ m³=2.93 元。

（4）限位橡胶束。按照橡胶束在墙体内每隔 1m 均匀布置计算，每个橡胶束的材料费用为 50 元，则每米墙体的橡胶束成本为 50 元。

5.5　简易滑移隔震示范工程

5.5.1　工程概况

　　该工程为新疆生产建设兵团科技援疆计划试验示范工程，位于新疆伊犁霍城县清水河镇。该工程为单层砌体结构民用房屋,总建筑高度为 3.6m,建筑长 9.24m,宽 3.6m，总建筑面积约为 33m²。抗震设防烈度为 7 度，设计基本地震加速度为 0.15g，场地类别为Ⅱ类，特征周期为 0.45s。墙厚为 240mm，采用现浇混凝土楼板。工程采用简易滑移隔震技术，在室外地坪标高处设置隔震圈梁，隔震圈梁中共安插 16 个限位橡胶束，按同轴线平行、间距平均的方式设置于隔震圈梁中。圈梁中部铺设一层 10mm 厚、标号为 M2.5（滑石粉掺量为 5%）改性砂浆作为隔震层。其建筑布置如图 5.5 所示。

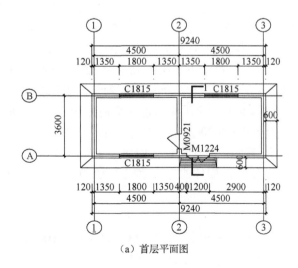

（a）首层平面图

图 5.5　建筑布置图

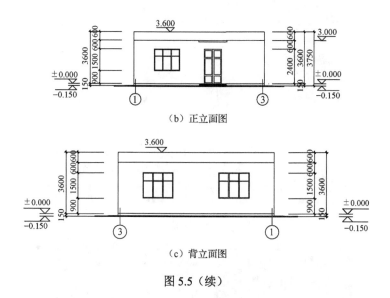

（b）正立面图

（c）背立面图

图 5.5（续）

5.5.2　施工工艺

在隔震技术实际应用中，新建建筑施工时，限位橡胶束为预制，尺寸为长×宽×高= 150mm × 80mm× 310mm，上圈梁截面尺寸为宽×高 = 240mm ×150mm，下圈梁截面尺寸为宽×高= 370mm ×150mm，隔震层厚度为 10mm。其具体施工工艺如下。

（1）下圈梁及橡胶束施工工艺：支下圈梁模板时，模板内应保持干净，其缝隙超过规定时应堵塞严密，模板支护完成即可绑扎下圈梁钢筋，钢筋搭接长度按受拉钢筋考虑，根据《混凝土结构设计规范（2015 年版）》（GB 50010—2010）第8.4.4 条规定取用。箍筋应按图纸要求间距搭接，并沿受力钢筋相互错开。下圈梁钢筋绑扎完成后，在浇筑下圈梁之前，根据先前计算的橡胶束数量，按同轴线平均间距的方式竖直固定于圈梁模板中。橡胶束固定完成后，即可浇筑下圈梁混凝土。下圈梁为一次性浇筑，浇筑、振捣下圈梁时，保证橡胶束位置不产生错动，圈梁接槎处的松散混凝土应剔除，如图 5.6 所示。

（2）下圈梁浇筑完成后进行上表面收光，养护 24h 后，在下圈梁上铺设一层厚度为 10mm 的改性砂浆作为隔震层，隔震层铺设前，应先清理下圈梁上表面的杂物及灰尘，隔震层铺设时应严格控制隔震层厚度，如图 5.7 所示。铺设完成后收光养护。养护 24h 后进行上圈梁的施工，上圈梁施工工艺与下圈梁相同，如图 5.8 所示。施工完成如图 5.9 所示。

图 5.6　下圈梁浇筑完毕

图 5.7　铺设滑移层

图 5.8　上圈梁浇筑完毕

图 5.9　示范工程完成

使用简易滑移隔震技术的房屋在小震时可依靠自身来实现小震不坏，中、大震作用下隔震圈梁中部砂浆隔震层开裂，上圈梁连同上部主体结构开始滑移，滑移层实现滑动摩擦耗能。拟静力试验表明采用简易滑移隔震技术的隔震墙抗震效果更为理想。针对本示范工程采用简易滑移隔震技术后，对各种新增材料单价及每平方米造价进行了统计。传统房屋与滑移隔震房屋造价对比如表 5.2 所示。

表 5.2　房屋造价对比

房屋 类型	基本造价 /（元/m）	橡胶束		滑石粉		总价 /（元/m²）
		单价 /（元/个）	单位面积造价 /（元/m²）	单价 /（元/kg）	单位面积造价 /（元/m²）	
传统房屋	800	50	—	0.8	—	800
滑移隔震房屋	800	50	21.4	0.8	0.46	821.86

根据表 5.2 可得，使用简易滑移隔震技术后房屋每平米造价并没有明显提高，较传统村镇房屋每平米造价仅提高了 3.1%，抗震设防效果便可得到很大改善，故此技术可满足村镇居民对于房屋经济实用的要求。

参 考 文 献

[1] 全国地震标准化技术委员会(SAC/TC 255). 中国地震动参数区划图: GB 18306—2015[S]. 北京: 中国标准出版社, 2015.

[2] 中华人民共和国住房和城乡建设部. 民用建筑设计统一标准: GB 50352—2019[S]. 北京: 中国建筑工业出版社, 2019.

[3] 中华人民共和国住房和城乡建设部. 镇(乡)村建筑抗震技术规程: JGJ 161—2008[S]. 北京: 中国建筑工业出版社, 2008.

[4] 中华人民共和国住房和城乡建设部. 村镇住宅结构施工及验收规范: GB/T 50900—2016[S]. 北京: 中国建筑工业出版社, 2016.

[5] 中华人民共和国住房和城乡建设部. 木结构设计标准: GB 50005—2017[S]. 北京: 中国建筑工业出版社, 2017.

[6] 中华人民共和国住房和城乡建设部. 农村危险房屋加固技术标准: JGJ/T 426—2018 [S]. 北京: 中国标准出版社, 2018.

[7] 中华人民共和国住房和城乡建设部. 农村住房安全性鉴定技术导则[S]. 北京: 中国建筑工业出版社, 2019.

[8] 新疆维吾尔自治区建设厅. 农村民居抗震鉴定实施细则: XJJ 014—2004[S]. 北京: 中国建筑工业出版社, 2004.

[9] 新疆维吾尔自治区农村抗震安居办公室. 新疆维吾尔自治区农村抗震安居住宅设计图选编[Z]. 乌鲁木齐: 新疆维吾尔自治区建设标准服务中心, 2006.

[10] 新疆维吾尔自治区住房和城乡建设厅. 村镇建筑抗震构造: DBJT27-119-12[S]. 北京: 中国建材工业出版社, 2013.

[11] 中华人民共和国住房和城乡建设部. 建筑抗震设计规范（2016 年版）: GB 50011—2010[S]. 北京：中国建筑工业出版社, 2016.

[12] 陈信强. 村镇建筑抗震设计若干要求与建议[J]. 福建建筑, 2007, 109(7): 39-40.

[13] 李羿, 黄炜然, 黄静, 等. 基于近年来地震灾害浅谈我国村镇建筑抗震[J]. 四川建筑, 2015, 35(5): 135-137.

[14] 王毅红, 蒋建飞, 石坚, 等. 木结构房屋的抗震性能及保护措施[J]. 工程抗震与加固改造, 2004(5): 47-51.

[15] 周幼吾, 郭东信, 邱国庆, 等. 中国冻土[M]. 北京: 科学出版社, 2000.

[16] 袁康, 李英民, 王玉山. 抗冻胀复合隔震建筑体: ZL201320772635. 4[P]. 2013-11-28.

[17] 中华人民共和国住房和城乡建设部. 冻土地区建筑地基基础设计规范: JGJ 118—2011 [S]. 北京: 中国建筑工业出版社, 2011.

[18] 李海涛. 村镇建筑砂垫层隔震性能研究[D]. 哈尔滨: 哈尔滨工业大学, 2011.

[19] 河合浩藏. 地震ノ際大震動ヲ受ケザル構造[J]. 建築雑誌, 1881(60): 319-329.

[20] LEE D M. Base isolation for torsion reduction in asymmetric structures under earthquake loading[J]. Earthquake engineering and structural dynamics, 1980, 112(8): 349-359.

[21] CALANTARIENTS J A. Improvements in and connected with building and other works and appurtenances to resist the action of earthquake and the like[D]. Stanford：Leland Stanford Junior University，1909.

[22] 尚守平, 周福霖. 结构抗震设计[M]. 北京: 高等教育出版社, 2003.

[23] GENT A N, MEINECKE E A. Compression, bending, and shear of bonded rubber blocks[J]. Ploymer Engineering and science, 2004, 10(1): 48-53.

[24] GENT A N, HENRY R L, ROXBURY M L. Interfacial stresses for bonded rubber blocks in compression and shear[J]. Journal of applied mechanics, 2013, 80(4): 384-396.

[25] LINDLEY P B. Natural rubber structural bearings[J]. Joint sealing and bearing systems for concrete structure, 1981(1): 353-378.

[26] SEIGENTHALER R. Earthquake-proof building supporting structure with shock absorbing damping elements[J].

Schweizerische bauzeitung, 1970, 20: 102-109.

[27] 李杰, 李国强. 地震工程学导论[M]. 北京: 地震出版社, 1992.

[28] 和泉正哲. 幾つかの試みを通しての所感[J]. Structure, 1986, 20: 23-28.

[29] MEGGET L M. Analysis and design of a base-isolated reinforced concrete frame building[J]. Bulletin of the new zealand national society for earthquake engineering, 1978, 11(4): 78-85.

[30] KELLY J M. Base isolation: origins and development[J]. Earthquake Engineering Research Center news, 1991, 12(1):1-3.

[31] NAGARAJAIAH S, REINHORN A M, CONSTANTINOU M C. Nonlinear dynamic analysis of 3D-base isolated structures[J]. Journal of structural engineering, 1991, 117(7): 2035-2054.

[32] DATTA R S J A. Performance of base isolation systems for asymmetric building subject to random excitation[J]. Journal of engineering structures, 1995, 17(6): 443-454.

[33] SKINNER R I, ROBINSON W H, MCVERRY G H. 工程隔震概论[M]. 谢礼立, 周雍年, 赵兴权, 译. 北京: 地震出版社, 1996.

[34] NAKAMURA T, SUZUKI T, OKADA H, et al. Study on base isolation for torsional response reduction in asymmetric structures under earthquake motion[C]. Transactions of the 10th international conference on structural mechanics in reactor technology, Tokyo, Japan, 1989:697-702.

[35] HWANG J, HSU T. Experimental study of isolated building under triaxial ground excitations[J]. Journal of structural engineering, 2000, 126(9): 879-886.

[36] KELLY J M, KONSTANTINIDIS D. Low-cost seismic isolators for housing in highly-seismic developing countries[C]. 10th World Conference on Seismic Isolation, Energy Dissipation and Active Vibrations Control of Structures, Istanbul, Turkey, 2007:28-31.

[37] KELLY J M, SHAKHZOD M T. Fiber-reinforced seismic bearings for low-cost seismic isolation systems[C]. 10th World Conference on Seismic Isolation, Energy Dissipation and Active Vibrations Control of Structures. Istanbul, Turkey, 2007.

[38] TOMAŽEVIČ M, KLEMENC I, WEISS P. Seismic upgrading of old masonry buildings by seismic isolation and CFRP laminates: a shaking-table study of reduced scale models[J]. Bulletin of earthquake engineering, 2009, 7: 293-321.

[39] AHMAD S, GHANI F, ADIL M R. Seismic friction base isolation performance using demolished waste in masonry housing[J]. Construction and building materials, 2009, 23(1): 146-152.

[40] AHMAD S, MASOOD A, HUSAIN A. Seismic pure friction base isolation performance using demolished waste in two-storey masonry building[J]. Journal of the Institution of Engineers (India): Civil Engineering Division, 2011, 91(2): 10-17.

[41] 麦敬波. 复合隔震体系研究[D]. 广州: 广州大学, 2006:35-36.

[42] KELLY J M. Aseismic base isolation: review and bibliography[J]. Soil dynamics and earthquake engineering, 1986, 5(4): 202-216.

[43] MOSTAGHEL N, KHODAVERDIAN M. Dynamics of resilient-friction base isolator (R-FBI)[J]. Earthquake engineering and structural dynamics, 1987, 15(3): 379-390.

[44] CHALHOUB M S, KELLY J M. Sliders and tension controlled reinforced elastomeric bearings combined for earthquake isolation[J]. Earthquake engineering and structural dynamics, 1990, 19(3):333-344.

[45] 郝会山. 隔震技术简介[J]. 门窗, 2014(12): 137-140.

[46] 曾德民, 苏经宇, 樊水荣, 等. 建筑基础隔震技术系列讲座——建筑基础隔震技术的发展和应用概况[J]. 工程抗震, 1996(3): 37-41.

[47] 苏经宇, 曾德民. 我国建筑结构隔震技术的研究和应用[J]. 地震工程与工程振动, 2001, 21(4): 94-101.

[48] 李立. 建筑物的滑动隔震技术的研究与应用[M]. 北京: 地震出版社, 1991.

[49] 许学忠, 李庆山, 楼潍涛, 等. 地下封闭爆炸引起的地表的冲击与隔离[J]. 振动与冲击, 1996, 15(1): 29-32, 94.

[50] 赵少伟. 砌体结构基础下砂垫层隔震性能试验研究[D]. 天津: 河北工业大学, 2004.

[51] 刘晓立, 王江, 窦远明, 等. 砂垫层厚度及基底压力对地面地震反应的影响[J]. 华北航天工业学院学报, 2004, 14(2): 7-10.

[52] 刘晓立, 张春梅, 窦远明, 等. 砂垫层刚度对地面地震反应的影响研究[J]. 华北航天工业学院学报, 2004, 14(4): 12-14, 18.

[53] 刘晓立, 史书阁, 宋义敏, 等. 输入地震动对砂垫层隔震的影响[J]. 华北航天工业学院学报, 2004, 14(3): 1-4, 12.

[54] 钱国桢, 许哲, 熊世树, 等. 约束砂垫层隔震试点工程介绍[J]. 浙江建筑, 2013, 30(10): 13-16.

[55] 魏磊. 村镇建筑基础下碎石垫层隔震性能试验研究[D]. 西安: 西安建筑科技大学, 2013.

[56] 周志锦. 一种钢筋-沥青复合隔震层研究[D]. 长沙: 湖南大学, 2009.

[57] 尚守平, 姚菲, 刘可. 一种新型隔震层的构造及其振动台试验研究[J]. 土木工程学报, 2011, 44(2): 36-41.

[58] 尚守平, 沈戎. 砌体模型隔震试验研究[J]. 湖南大学学报(自然科学版), 2012, 39(9): 1-5.

[59] 曹万林, 周中一, 王卿, 等. 农村房屋新型隔震与抗震砌体结构振动台试验研究[J]. 振动与冲击, 2011, 30(11): 209-213.

[60] 周中一, 曹万林, 王卿, 等. 农村基础隔震砌体结构房屋振动台试验[J]. 土木建筑与环境工程, 2010, 32(S2): 238-240.

[61] 曹万林, 戴租远, 叶炜, 等. 村镇建筑低成本隔震技术研究现状与展望[J]. 自然灾害学报, 2014, 23(6): 38-46.

[62] 曹京源. 村镇房屋低造价隔震新技术的研究[D]. 广州: 广州大学, 2011.

[63] 赵桂峰, 马玉宏. 村镇建筑带限位装置摩擦隔震体系的参数影响研究[J]. 振动与冲击, 2011, 30(11): 148-152.

[64] 刘开康. 村镇土坯结构摩擦滑移隔震技术研究[D]. 大连: 大连理工大学, 2010.

[65] 蔡康锋. 滑移隔震技术及其在村镇建筑中的推广应用研究[D]. 淮南: 安徽理工大学, 2012.

[66] 陈文, 熊峰. 利用废旧轮胎的农居砌体结构房屋隔震系统[J]. 四川建筑, 2012, 32(1): 113-115.

[67] 王毅红, 张又超, 樊琨, 等. 村镇砌体结构叠层橡胶支座隔震试验研究[J]. 工程抗震与加固改造, 2014, 36(2): 15-20.

[68] 王毅红, 靳娜, 孙艺嘉, 等. 橡胶隔震支座应用于村镇低矮砌体结构的抗震性能及构造设计[J]. 建筑科学与工程学报, 2015, 32(5): 25-31.

[69] 李英民, 卜长明, 夏洪流, 等. 砌体墙片滑移和固结振动台试验对比研究[J]. 中南大学学报(自然科学版), 2012, 43(8): 3228-3236.

[70] 卜长明. 村镇建筑简易消能减震技术抗震性能研究[D]. 重庆: 重庆大学, 2012.

[71] 王斌. 村镇建筑简易隔震技术理论与试验研究[D]. 广州: 广州大学, 2013.

[72] 郑瑶. 低矮隔震砌体结构抗震性能试验研究及其应用[D]. 西安: 长安大学, 2017.

[73] 毛尚礼, 余湘娟, 张富. 地基隔震减震机理研究[J]. 华南地震, 2010, 30(3): 75-80.

[74] 英峻豪. 刚性桩复合地基-筏板基础-上部结构整体抗震性能研究[D]. 广州: 华南理工大学, 2012.

[75] 周云, 徐彤, 周福霖. 抗震与减震结构的能量分析方法研究与应用[J]. 地震工程与工程振动, 1999(4): 133-139.

[76] FAN F, AHMADI G. Floor response spectra for base-isolated multi-storey structures[J]. Earthquake engineering & structural dynamics, 1990, 19(3): 377-388.

[77] 王志佳. 土及岩石动力学参数的统计与分析[D]. 成都: 西南交通大学, 2012.

[78] 袁康, 郭军林, 白宏思, 等. 一种用于试件压剪试验的试验装置: ZL201520512213. 2[P]. 2015-7-15.

[79] 李英民, 袁康, 姬淑艳, 等. 一种简易滑移减震结构: 201520270373. 4[P]. 2015-4-29.

[80] 中华人民共和国住房和城乡建设部. 建筑地基处理技术规范: JGJ 79—2012[S]. 北京: 中国建筑工业出版社, 2012.

[81] 李海涛. 村镇建筑砂垫层隔震性能研究[D]. 哈尔滨: 哈尔滨工业大学, 2011.

[82] 赵少伟, 窦远明, 郭蓉, 等. 基础下砂垫层隔震性能振动台试验研究[J]. 河北工业大学学报, 2005, 34(3): 92-97.

[83] 中华人民共和国住房和城乡建设部. 建筑抗震试验规程: JGJ/T 101—2015[S]. 北京: 中国建筑工业出版社, 2015.

[84] 郑妮娜. 装配式构造柱约束砌体结构抗震性能研究[D]. 重庆: 重庆大学, 2010.

[85] 周云. 摩擦耗能减震结构设计[M]. 武汉: 武汉理工大学出版社, 2006.

[86] 中华人民共和国住房和城乡建设部. 建筑结构荷载规范: GB50009—2012[S]. 北京: 中国建筑工业出版社, 2012: 25.

[87] 中华人民共和国住房和城乡建设部. 建筑砂浆基本性能试验方法标准: JGJ/T 70—2009[S]. 北京: 中国建筑工业出版社, 2009.

[88] 朱伯龙, 吴明舜, 蒋志贤. 在周期荷载作用下砖砌体基本性能的试验研究[J]. 同济大学学报, 1980(2): 1-14.

[89] 石亦平, 周玉蓉. ABAQUS 有限元分析实例详解[M]. 北京: 机械工业出版社, 2006.

[90] 庄茁, 由小川, 廖剑晖. 基于 ABAQUS 的有限元分析和应用[M]. 北京: 清华大学出版社, 2009.

[91] 刘立鹏, 唐岱新. 无筋砌体材料本构模型述评[J]. 哈尔滨工业大学学报, 2004, 36(9): 1256-1259.

[92] 吕西林, 金国芳, 吴晓涵. 钢筋混凝土结构非线性有限元理论和应用[M]. 上海: 同济大学出版社, 1996.

[93] LOURENCO P B, ROTS J G, BLAAUWENDRAAD J. Continuum model for masonry: parameter estimation and validation[J]. Journal of structural engineering, 1998, 124(6): 642-652.

[94] 中华人民共和国住房和城乡建设部. 混凝土结构设计规范(2015 年版): GB 50010—2010[S]. 北京: 中国建筑工业出版社, 2015.

[95] 吕伟荣, 施楚贤. 普通砖砌体受压本构模型[J]. 建筑结构, 2006, 36(11): 77-78, 53.

[96] 庄一舟, 黄承逵. 模型砖砌体力学性能的试验研究[J]. 建筑结构, 1997, 27(2): 22-25.

[97] 王述红, 唐春安. 砌体开裂过程数值试验[M]. 沈阳: 东北大学出版社, 2003.

[98] 杨卫忠. 砌体受压本构关系模型[J]. 建筑结构, 2008(10): 80-82.

[99] 田弯. 高烈度寒冷地区村镇建筑简易复合隔震技术数值分析[D]. 重庆: 重庆大学, 2015.

[100] Hibbitt, Karlsson & Sorensen, Inc. ABAQUS/CAE user's manual [Z]. Pawtucket: Hibbitt, Karlsson & Sorensen, Inc., 2005.

[101] Hibbitt, Karlsson & Sorensen, Inc. ABAQUS/Standard user's manual [Z]. Pawtucket: Hibbitt, Karlsson & Sorensen, Inc., 2005.

[102] 王金昌, 陈页开. ABAQUS 在土木工程中的应用[M]. 杭州: 浙江大学出版社, 2006.

[103] 陆新征, 叶列平, 缪志伟. 建筑抗震弹塑性分析[M]. 北京: 中国建筑工业出版社, 2009.

[104] 刘杰. 基于 ABAQUS 整体式模型下砌体结构抗震性能影响因素研究[D]. 长沙: 湖南大学, 2014.

附　　录

A　振动台模型位移计布置与仪器通道

表 A.1　振动台模型位移计布置与仪器通道

测点	位置	方向	型号	仪器通道
1	一层 1#1A	X	拉线	Channel #178
2	二层 1#1A	X	拉线	Channel #179
3	底板 2#1B	X	拉线	Channel #168
4	上圈梁 2#1B	X	拉线	Channel #169
5	一层 2#1B	X	拉线	Channel #176
6	二层 2#1B	X	拉线	Channel #177
7	上圈梁 3#3B	X	拉线	Channel #182
8	一层 3#3B	X	拉线	Channel #180
9	二层 3#3B	X	拉线	Channel #181
10	一层 4#3A	X	拉线	Channel #183
11	二层 4#3B	X	拉线	Channel #184

B　振动台模型加速度计布置与仪器通道

表 B.1　振动台模型加速度计布置与仪器通道

测点	位置	方向	型号	仪器通道
1	一层 1#1A	X		Channel #142
2	一层 1#1A	Y		Channel #143
3	二层 1#1A	X		Channel #144
4	二层 1#1A	Y		Channel #145
5	底板 2#1B	X	单向	Channel #146
6	底板 2#1B	Y		Channel #147
7	上圈梁 2#1B	X		Channel #148
8	上圈梁 2#1B	Y		Channel #149
9	一层 2#1B	X		Channel #150
10	一层 2#1B	Y		Channel #151

测点	位置	方向	型号	仪器通道
11	二层 2#1B	X	单向	Channel #152
12		Y		Channel #153
13	上圈梁 3#3B	X		Channel #154
14		Y		Channel #155
15	一层 3#3B	X		Channel #156
16		Y		Channel #157
17	二层 3#3B	X		Channel #158
18		Y		Channel #159
19	底板 4#3A	X		Channel #160
20		Y		Channel #161
21	一层 4#3A	X		Channel #162
22		Y		Channel #163
23	二层 4#3A	X		Channel #164
24		Y		Channel #165
25	台面	X		Channel #166
26		Y		Channel #167

C　各加载工况下模型峰值加速度及加速度放大系数

表 C.1　M1 峰值加速度及加速度放大系数

方向	峰值加速度/g				放大系数		峰值加速度/g		放大系数	
	X	Y	X	Y			X	Y		
位置	台面中心		一层楼板		β_X	β_Y	二层楼板		β_X	β_Y
测点	25	26	1	2			3	4		
通道	166	167	142	143			144	145		
S2	0.036	0.003	−0.082	−0.053	2.28	—	−0.109	0.043	3.03	—
S3	0.044	0.005	−0.106	−0.054	2.41	—	−0.112	0.062	2.55	—
S4	0.042	−0.005	−0.075	−0.035	1.79	—	−0.103	−0.044	2.45	—
S5	0.09	−0.009	0.226	−0.151	2.51	—	0.255	−0.113	2.83	—
S6	0.106	−0.019	−0.323	0.178	3.05	—	−0.344	−0.213	3.25	—
S7	0.101	−0.01	0.246	−0.191	2.44	—	−0.299	−0.159	2.96	—
S8	−0.007	−0.138	0.057	0.106	—	0.77	0.052	0.132	—	0.96
S9	0.005	−0.043	−0.048	−0.061	—	1.42	−0.05	0.092	—	2.14
S10	0.005	0.04	−0.037	−0.058	—	1.45	−0.047	0.068	—	1.70
S11	−0.013	−0.097	−0.145	−0.242	—	2.49	−0.134	0.319	—	3.29
S12	0.021	0.109	−0.113	0.214	—	1.96	0.126	0.288	—	2.64

续表

方向	峰值加速度/g				放大系数		峰值加速度/g		放大系数	
	X	Y	X	Y	β_X	β_Y	X	Y	β_X	β_Y
位置	台面中心		一层楼板				二层楼板			
测点	25	26	1	2			3	4		
通道	166	167	142	143			144	145		
S13	0.019	−0.105	0.206	0.335	—	3.19	−0.167	0.387	—	3.69
S15	0.038	0.035	−0.115	−0.1	3.03	2.86	−0.124	0.107	3.26	3.06
S16	0.1	−0.08	−0.287	0.293	2.87	3.66	−0.308	0.267	3.08	3.34
S18	−0.265	−0.021	0.407	0.406	1.54	—	0.508	0.429	1.92	—
S19	0.215	−0.023	−0.451	0.494	2.10	—	0.514	0.406	2.39	—
S20	0.020	−0.229	0.305	0.519	—	2.26	−0.231	0.616	—	2.69
S21	0.021	0.224	0.398	0.604	—	2.70	0.218	0.68	—	3.04
S23	0.195	−0.171	0.516	0.451	2.65	2.64	0.571	−0.542	2.93	3.17
S24	0.222	0.196	0.524	0.444	2.36	2.27	0.535	−0.483	2.41	2.46
S25	0.306	0.028	0.701	0.355	2.29	—	0.877	0.62	2.87	—
S26	0.329	−0.033	0.538	0.432	1.64	—	0.782	0.809	2.38	—
S27	0.036	−0.314	0.411	0.773	—	2.46	0.514	−0.71	—	2.26
S28	−0.026	0.34	0.272	0.655	—	1.93	0.25	0.604	—	1.78
S29	0.314	0.254	0.696	0.59	2.22	2.32	1.377	−0.631	4.39	2.48
S30	0.327	0.295	0.695	0.545	2.13	1.85	0.759	0.725	2.32	2.46
S32	0.35	0.021	0.648	0.304	1.85	—	0.704	−0.497	2.01	—
S33	0.463	−0.056	0.897	0.464	1.94	—	0.975	−0.586	2.11	—
S34	0.037	−0.439	0.558	0.768	—	1.75	−0.416	0.758	—	1.73
S35	0.039	0.494	0.366	0.41	—	0.83	−0.393	−0.407	—	0.82
S37	0.721	0.094	—	—	—	—	—	—	—	—
S38	0.684	0.050	—	—	—	—	—	—	—	—
S39	−0.04	−0.627	—	—	—	0.41	—	—	—	—
S40	0.037	0.662	—	—	—	1.09	—	—	—	—
S42	0.822	0.062	—	—	—	—	—	—	—	—
S43	−0.062	−0.787	—	—	—	−1.72	—	—	—	—
S45	1.009	0.099	—	—	—	—	—	—	—	—
S46	−0.057	−0.975	—	—	—	−1.56	—	—	—	—
S47	1.264	0.125	—	—	—	—	—	—	—	—

表 C.2　M2 峰值加速度（g）及加速度放大系数

方向	峰值加速度/g				放大系数		峰值加速度/g		放大系数	
方向	X	Y	X	Y			X	Y		
位置	台面中心		一层楼板		β_X	β_Y	二层楼板		β_X	β_Y
测点	25	26	9	10			11	12		
通道	166	167	150	151			152	153		
S2	0.036	0.003	−0.073	0.026	2.03	—	−0.117	0.037	3.25	—
S3	0.044	0.005	0.096	−0.027	2.18	—	−0.124	0.045	2.82	—
S4	0.042	−0.005	0.078	−0.03	1.86	—	0.112	0.062	2.67	—
S5	0.09	−0.009	0.163	−0.057	1.81	—	−0.225	0.096	2.50	—
S6	0.106	−0.019	0.191	−0.072	1.80	—	0.226	0.082	2.13	—
S7	0.101	−0.01	0.167	−0.061	1.65	—	0.201	0.077	1.99	—
S8	−0.007	−0.138	−0.038	−0.092	—	0.67	−0.052	0.112	—	0.81
S9	0.005	−0.043	−0.03	0.063	—	1.47	−0.058	0.098	—	2.28
S10	0.005	0.04	−0.024	0.088	—	2.20	−0.05	−0.128	—	3.20
S11	−0.013	−0.097	−0.043	0.182	—	1.88	−0.087	−0.273	—	2.81
S12	0.021	0.109	−0.049	−0.157	—	1.44	−0.089	0.254	—	2.33
S13	0.019	−0.105	0.061	0.248	—	2.36	−0.105	−0.329	—	3.13
S15	0.038	0.035	−0.09	−0.055	2.37	1.57	−0.146	−0.083	3.84	2.37
S16	0.1	−0.08	−0.214	0.144	2.14	1.80	−0.294	−0.198	2.94	2.48
S18	−0.265	−0.021	0.337	−0.137	1.27	—	0.459	0.168	1.73	—
S19	0.215	−0.023	−0.27	0.093	1.26	—	0.327	0.138	1.52	—
S20	0.020	−0.229	−0.099	0.362	—	1.58	0.135	0.517	—	2.26
S21	0.021	0.224	−0.097	0.382	—	1.71	0.15	−0.456	—	2.04
S23	0.195	−0.171	−0.31	0.282	1.59	1.65	0.381	0.384	1.95	2.25
S24	0.222	0.196	−0.314	0.308	1.41	1.57	−0.41	0.429	1.85	2.19
S25	0.306	0.028	−0.382	0.102	1.25	—	0.458	0.18	1.50	—
S26	0.329	−0.033	−0.361	−0.143	1.10	—	0.447	0.218	1.36	—
S27	0.036	−0.314	−0.137	0.446	—	1.42	0.168	0.595	—	1.89
S28	−0.026	0.34	−0.129	0.432	—	1.27	0.184	0.556	—	1.64
S29	0.314	0.254	−0.41	0.382	1.31	1.50	0.46	0.565	1.46	2.22
S30	0.327	0.295	−0.438	0.396	1.34	1.34	−0.567	0.562	1.73	1.91
S32	0.35	0.021	−0.475	0.096	1.36	—	−0.529	0.151	1.51	—
S33	0.463	−0.056	0.494	0.19	1.07	—	0.688	0.253	1.49	—

续表

方向	峰值加速度/g				放大系数		峰值加速度/g		放大系数	
方向	X	Y	X	Y	β_X	β_Y	X	Y	β_X	β_Y
位置	台面中心		一层楼板				二层楼板			
测点	25	26	9	10			11	12		
通道	166	167	150	151			152	153		
S34	0.037	−0.439	−0.228	0.587	—	1.34	−0.228	0.779	—	1.77
S35	0.039	0.494	−0.126	0.504	—	1.02	0.19	−0.633	—	1.28
S37	0.721	0.094	0.961	−0.326	1.33	—	−1.01	0.527	1.40	—
S38	0.684	0.050	−0.732	0.457	1.07	—	−0.793	0.533	1.16	—
S39	−0.04	−0.627	0.441	−1.059	—	1.69	0.244	−1.195	—	1.91
S40	0.037	0.662	0.625	−0.612	—	0.92	0.195	0.772	—	1.17
S42	0.822	0.062	−0.908	−0.927	1.10	–	−1.356	0.808	1.65	—
S43	−0.062	−0.787	1.057	−0.932	—	1.18	−0.49	1.429	—	1.82
S45	1.009	0.099	−1.816	−1.463	1.80	—	−1.649	−1.198	1.63	—
S46	−0.057	−0.975	2.332	2.995	—	3.07	−0.856	−2.579	—	2.65
S47	1.264	0.125	−2.513	2.08	1.99	—	3.525	4.607	2.79	—

表 C.3　滑移隔震结构 M3 峰值加速度（g）及加速度放大系数

方向	峰值加速度/g				放大系数		峰值加速度/g		放大系数	
方向	X	Y	X	Y	β_X	β_Y	X	Y	β_X	β_Y
位置	台面中心		一层楼板				二层楼板			
测点	25	26	15	16			17	18		
通道	166	167	156	157			158	159		
S2	0.036	0.003	0.060	0.030	1.67	—	−0.093	−0.033	2.58	—
S3	0.044	0.005	−0.085	0.060	1.93	—	−0.141	−0.064	3.20	—
S4	0.042	−0.005	0.096	0.055	2.29	—	−0.14	−0.076	3.33	—
S5	0.09	−0.009	0.205	−0.076	2.28	—	−0.233	−0.084	2.59	—
S6	0.106	−0.019	−0.291	−0.160	2.75	—	0.373	−0.165	3.52	—
S7	0.101	−0.01	0.203	−0.119	2.01	—	−0.278	−0.129	2.75	—
S8	−0.007	−0.138	−0.078	−0.105	—	0.76	0.076	−0.177	—	1.28
S9	0.005	−0.043	−0.068	0.149	—	3.47	0.057	0.179	—	4.16
S10	0.005	0.04	−0.066	−0.149	—	3.73	−0.06	−0.181	—	4.53
S11	−0.013	−0.097	−0.150	0.269	—	2.77	0.128	−0.375	—	3.87
S12	0.021	0.109	−0.144	−0.251	—	2.30	−0.103	0.425	—	3.90

续表

方向	峰值加速度/g				放大系数		峰值加速度/g		放大系数	
	X	Y	X	Y			X	Y		
位置	台面中心		一层楼板		β_X	β_Y	二层楼板		β_X	β_Y
测点	25	26	15	16			17	18		
通道	166	167	156	157			158	159		
S13	0.019	-0.105	0.152	-0.309	—	2.94	0.148	0.428	—	4.08
S15	0.038	0.035	-0.098	-0.110	2.58	3.14	0.113	-0.126	2.97	3.60
S16	0.1	-0.08	-0.254	-0.326	2.54	4.08	0.295	-0.292	2.95	3.65
S18	-0.265	-0.021	0.451	0.217	1.70	—	0.544	-0.201	2.05	—
S19	0.215	-0.023	0.387	0.205	1.80	—	0.475	-0.198	2.21	—
S20	0.020	-0.229	0.251	0.506	—	2.21	0.189	-0.682	—	2.98
S21	0.021	0.224	0.274	0.429	—	1.92	0.216	-0.585	—	2.61
S23	0.195	-0.171	0.398	0.485	2.04	2.84	0.593	-0.523	3.04	3.06
S24	0.222	0.196	-0.392	0.500	1.77	2.55	0.569	-0.569	2.56	2.90
S25	0.306	0.028	0.448	0.208	1.46	—	0.501	-0.192	1.64	—
S26	0.329	-0.033	0.441	0.226	1.34	—	0.556	-0.256	1.69	—
S27	0.036	-0.314	0.271	0.474	—	1.51	0.264	-0.557	—	1.77
S28	-0.026	0.34	0.250	0.384	—	1.13	0.26	-0.487	—	1.43
S29	0.314	0.254	0.504	0.528	1.61	2.08	0.549	0.435	1.75	1.71
S30	0.327	0.295	0.485	0.477	1.48	1.62	0.607	-0.533	1.86	1.81
S32	0.35	0.021	0.448	0.195	1.28	—	0.48	-0.23	1.37	—
S33	0.463	-0.056	0.634	0.378	1.37	—	-0.558	-0.386	1.21	—
S34	0.037	-0.439	0.317	0.498	—	1.13	0.25	-0.627	-	1.43
S35	0.039	0.494	0.152	0.212	—	0.43	0.159	-0.211	-	0.43
S37	0.721	0.094	—	—	—	—	—	—	—	—
S38	0.684	0.050	—	—	—	—	—	—	—	—
S39	-0.04	-0.627	—	—	—	—	—	—	—	—
S40	0.037	0.662	—	—	—	—	—	—	—	—
S42	0.822	0.062	—	—	—	—	—	—	—	—
S43	-0.062	-0.787	—	—	—	—	—	—	—	—
S45	1.009	0.099	—	—	—	—	—	—	—	—
S46	-0.057	-0.975	—	—	—	—	—	—	—	—
S47	1.264	0.125	—	—	—	—	—	—	—	—

表 C.4 砂垫层隔震结构 M4 峰值加速度（g）及加速度放大系数

方向	峰值加速度/g				放大系数		峰值加速度/g		放大系数	
	X	Y	X	Y			X	Y		
位置	台面中心		一层楼板		β_X	β_Y	二层楼板		β_X	β_Y
测点	25	26	21	22			23	24		
通道	166	167	162	163			164	165		
S2	0.036	0.003	0.068	0.027	1.89	—	0.079	−0.041	2.19	—
S3	0.044	0.005	0.090	−0.050	2.05	—	−0.113	−0.061	2.57	—
S4	0.042	−0.005	−0.091	−0.047	2.17	—	0.123	0.058	2.93	—
S5	0.090	−0.009	0.194	−0.073	2.16	—	0.222	0.111	2.47	—
S6	0.106	−0.019	0.273	0.109	2.58	—	−0.313	−0.128	2.95	—
S7	0.101	−0.010	0.186	0.098	1.84	—	0.251	0.130	2.49	—
S8	−0.007	−0.138	−0.041	−0.120	—	0.87	0.052	−0.139	—	1.01
S9	0.005	−0.043	0.046	−0.076	—	1.77	−0.069	−0.095	—	2.21
S10	0.005	0.040	−0.037	−0.092	—	2.30	−0.062	−0.138	—	3.45
S11	−0.013	−0.097	0.088	−0.214	—	2.21	−0.130	−0.322	—	3.32
S12	0.021	0.109	0.120	0.200	—	1.83	−0.175	−0.218	—	2.00
S13	0.019	−0.105	−0.097	−0.201	—	1.91	−0.136	−0.321	—	3.06
S15	0.038	0.035	0.091	0.054	2.39	1.54	−0.120	−0.068	3.16	1.94
S16	0.100	−0.080	0.289	0.146	2.89	1.83	−0.343	0.180	3.43	2.25
S18	−0.265	−0.021	−0.411	0.220	1.55	—	0.493	0.235	1.86	—
S19	0.215	−0.023	−0.318	0.209	1.48	—	0.398	0.219	1.85	—
S20	0.020	−0.229	−0.156	0.362	—	1.58	0.215	−0.496	-	2.16
S21	0.021	0.224	−0.202	0.337	—	1.50	0.265	−0.465	-	2.08
S23	0.195	−0.171	−0.379	0.310	1.94	1.81	0.446	0.351	2.29	2.05
S24	0.222	0.196	0.347	0.320	1.56	1.63	−0.447	−0.348	2.01	1.78
S25	0.306	0.028	−0.454	0.212	1.48	—	0.532	0.234	1.74	—
S26	0.329	−0.033	0.391	0.285	1.19	—	0.491	−0.280	1.49	—
S27	0.036	−0.314	−0.207	−0.448	—	1.43	0.321	−0.582	—	1.85
S28	−0.026	0.340	−0.243	0.402	—	1.18	0.307	−0.541	—	1.59
S29	0.314	0.254	0.473	0.416	1.51	1.64	−0.552	0.560	1.76	2.20
S30	0.327	0.295	0.466	0.375	1.43	1.27	−0.690	0.566	2.11	1.92
S32	0.350	0.021	−0.531	0.192	1.52	—	0.621	0.210	1.77	—
S33	0.463	−0.056	0.582	0.357	1.26	—	−0.770	0.373	1.66	—

续表

方向	峰值加速度/g				放大系数		峰值加速度/g		放大系数	
	X	Y	X	Y			X	Y		
位置	台面中心		一层楼板		β_X	β_Y	二层楼板		β_X	β_Y
测点	25	26	21	22			23	24		
通道	166	167	162	163			164	165		
S34	0.037	−0.439	−0.241	0.521	—	1.19	−0.421	−0.689	—	1.57
S35	0.039	0.494	−0.263	0.486	—	0.98	0.470	−0.609	—	1.23
S37	0.721	0.094	0.760	0.474	1.05	—	−1.161	0.633	1.61	—
S38	0.684	0.050	0.644	0.457	0.94	—	−0.975	0.669	1.43	—
S39	−0.040	−0.627	0.271	−0.633	—	1.01	−0.844	−1.129	—	1.80
S40	0.037	0.662	0.284	−0.476	—	0.72	−0.375	−0.632	—	0.95
S42	0.822	0.062	0.793	0.456	0.96	—	−1.091	0.654	1.33	—
S43	−0.062	−0.787	0.465	0.701	—	−0.89	−0.546	−1.564	—	1.99
S45	1.009	0.099	0.812	0.813	0.80	—	−1.214	−0.826	1.20	-
S46	−0.057	−0.975	—	—	—	—	—	—	—	—
S47	1.264	0.125	—	—	—	—	—	—	—	—

D　模型各加载工况下的绝对值最大位移

表 D.1　1#模型 X 向峰值位移　　　　　　　（单位：mm）

测点	一层楼板	二层楼板
2	4.17	4.17
5	12.39	12.38
18	25.65	25.98
25	31.54	32.64
32	45.42	44.42

表 D.2　2#模型 X 向峰值位移　　　　　　　（单位：mm）

测点	底板	上圈梁	一层楼板	二层楼板
2	4.21	4.18	4.21	4.38
5	12.36	12.46	12.23	12.44
18	25.60	25.67	25.54	26.18
25	30.72	30.89	20.90	31.50
32	43.89	43.63	43.45	44.18
37	49.83	49.77	50.50	50.63
42	48.53	48.71	49.56	49.58

表 D.3　3#模型 X 向峰值位移　　　　　　　　（单位：mm）

测点	上圈梁	一层楼板	二层楼板
2	4.24	4.24	4.14
5	12.26	12.31	12.29
18	25.84	26.03	26.53
25	30.94	31.11	31.84

表 D.4　4#模型 X 向峰值位移　　　　　　　　（单位：mm）

测点	一层楼板	二层楼板
2	4.27	4.38
5	12.52	12.56
18	26.38	26.66
25	31.76	32.08
32	44.42	44.44
37	49.73	50.73
42	48.69	49.51